海南省高等学校教育教学改革研究项目(Hnjg2021ZD-40)

热带果树
栽培技术

周娜娜　王　刚 ◎ 编著

U0246457

中国农业出版社
北　京

热带果树栽培具有强烈的地域性、特殊性和资源不可取代性，在我国国民经济中发挥着重要的作用，是热区农业经济收入支柱。本教材所阐述的果树种类和栽培技术侧重于海南省的热作区，其他热作区可以参考。本教材不同于国内其他高校出版的同类教材，特色在于热带地区果树特殊的栽培管理模式。

作为一门实践性强的应用型专业课程教材，全书编写从高等教育人才培养目标和教学改革的实际出发，针对应用型普通高等教育的特点，注重理论与实践相结合，以应用为目的，强调教材的实用性、综合性和先进性。在编写过程中，尽量吸收果树栽培的最新成果和技术，力求将当前热带地区果树生产中最先进的实用技术体现在教材之中。全书内容共分16章，重点阐述热带果树树种的主要种类和品种、壮苗培育、田间管理技术、果实采收以及部分病虫害管理等。内容上由浅入深，循序渐进，着重加强学生智力开发和实践能力的培养。结构上力求简明扼要、条理清晰，突出实际应用，使教材尽量反映出高等教育的特点。

　　参加本教材编写的人员是海南热带海洋学院从事园艺专业课程教学十多年的一线骨干教师，通过总结校内外教学基地果树实际种植和管理经验，多次走进果园与技术管理者深入交流后汇总加工等方式，对教材的内容进行全面汇总，并悉心构思，力求教材更好地适应普通本科院校应用型人才培养的教学需求。教材编写的具体分工：周娜娜编写第一章至第十章；王刚编写第十一章至第十六章。全书由周娜娜统稿。

　　本教材为海南省高等学校教育教学改革研究项目"《果树栽培学》实践教学改革研究与实践"（Hnjg2021ZD-40）的成果。此外，我们衷心感谢出版、编辑人员为此书出版付出的大量辛勤劳动。

　　《热带果树栽培技术》可以作为热带地区园艺专业的主干课程教材，也可作为热带地区相关专业的选修课教材，还可供从事与果树相关的推广、科研及技术培训等相关人员使用。

　　由于编者水平所限，加上时间仓促，疏漏之处在所难免。恳请读者在使用过程中给予批评指正，以便今后修改完善。

Contents
目 录

第一章　热带果树栽培总论

第一节　热带果树生产概述

一、热带果树相关概念

1. 热带果树

木本植物是指植物的茎内木质部发达、质地坚硬，一般直立，寿命长，能多年生长，与草本植物相对应。人们常将前者称为树，后者称为草。果树是能够生产可食用的果实或种子，以及用作砧木的木本或多年生草本植物的总称。适合在热带地区生长，有稳定的产量和品质表现的果树，称为热带果树。热带果树一般为多年生木本植物，如杧果、龙眼、荔枝等常绿乔木，生产上进行了树形的矮化；少数为多年生的草本植物，如香蕉、菠萝、番木瓜等，生产上栽培年限较短。木本热带果树生产中经常需要嫁接苗，用于果树嫁接中的砧木，也属于果树的范畴。热带果树的种类比较多，生产周期长，呈季节性供应，目前多集约化经营，产品主要利用形式为鲜食。

2. 热带果树栽培技术

热带果树栽培技术主要研究热带果树生长发育规律及其与环境条件的关系，是从果树育苗开始，经过建园、栽植、田间管理等，获得果实的整个过程。其基本任务是培育丰产、优质的热带果树，获得低成本、高效益的回报，满足国内外市场对干鲜果品及其加工制品的需要。与其他地区的果树栽培技术差异比较大，尤其是花果期调控技术研究的空间大，病虫害相对比较严重。

3. 热带果树产业

热带果树产业是热带果树生产链条的延伸，以果品升值、经济增效为核心，包括果品的贮藏、加工、运输、销售等各个环节的相互衔接。热带果树实现产业化发展的基本特征是面向市场，形成某一品牌或品种行业优势，进行规模化经营和集约化管理，实施果品产业内生产、加工、流通和销售等链条上的衔接分工，以龙头企业带动和配套服务为依托，做到市场化运作。目前存在的产业化运作模式有：种植户＋公司＋市场，种植户＋合作社＋市场，或种植户＋合作社＋公司＋市场。通过这些模式形成农工贸、产加销一体化。

二、热带果树栽培的特点

热带果树栽培范围有限。我国的热带地区包括海南全省、广东省雷州半岛、云南省西双版纳州和红河州南部、台湾省南部等，占国土面积的0.91%。在这些热带地区正常生长、能产生较高经济效益的果树，栽培特点与其他地区差别较大，果树的田间管理时间较长，水果的风味独特，在早期效益低，生产转型慢。热带地区的干湿季明显，一年四季温度适宜，所以病虫害防治的难度大。但是热带地区的果树花果期可调控时间长，提高管理技术并精细管理，容易实现鲜食水果的周年均衡供应，以保障果品有效供给。

三、热带果树栽培的意义

热带果树栽培具有很高的经济效益，其成熟采收时间与温带水果不同，可以进行反季节栽培，可鲜食可加工，可内销可出口，起着繁荣市场、拉动经济的作用。热带水果具有很高的营养价值，果品富含脂肪、蛋白质、糖类、矿物质、维生素、膳食纤维和植物色素等营养物质，是生活中必不可少的食品之一。部分热带水果拥有药用和医疗保健价值，如荔枝、龙眼可以补气养血，香蕉可以润肠通便降血压等。热带水果也产生一般植物所具有的生态环境效益，可绿化、美化、净化环境，也可改善生态条件，还具有吸纳富余劳动力、观光旅游等社会功能。

四、热带果树栽培的现状

我国热带水果种类繁多，风味独特，营养价值高，深受消费者喜爱。海南省属于热带地区，热带水果丰富，海南水果产量逐年增加。海南主要生产的水果有香蕉、菠萝、杧果、荔枝、龙眼、柑橘等。随着经济发展，人们对热带果树的需求越来越大，海南省热带果树的种植面积也逐渐增加。2019—2021 年海南省部分果树种植面积及总产量见表 1-1。

表 1-1　2019—2021 年海南省部分果树种植面积及产量

	年份	香蕉	菠萝	杧果	龙眼	柑橘	火龙果
种植面积（万 hm^2）	2019	3.37	1.28	5.25	0.66	0.39	0.41
	2020	3.11	1.39	5.56	0.69	0.58	0.56
	2021	3.14	1.25	5.83	0.67	0.64	0.80
总产量（万 t）	2019	122.21	44.81	67.58	5.47	8.32	21.07
	2020	112.50	47.38	76.27	6.08	14.59	24.63
	2021	116.02	45.08	82.99	5.48	14.11	30.91

随着面积的增大，热带果树的栽培技术水平也越来越高，基本实现了水肥一体化、专业化和规模化管理。如无病毒苗木培育、绿色生产、设施栽培、平衡施肥、节水灌溉、果实套袋、化学调控、采后保鲜等都趋于现代化。但是生产上还存在一些问题，如季节性和地域性过剩现象、果品质量和安全问题等，需要具体解决。

热带果树的发展还面临一些其他问题，如果品质量不高、产业深加工落后、水果产业化水平低、品牌意识不强等。为解决上述问题，应不断优化水果品种结构，合理调整生产布局，发展水果加工业，提高产品附加值，加强质量安全建设，促进国际交流合作，培育大型龙头企业，加快海南水果产业化，加强水果品牌建设，努力提高营销水平，加快热带地区物流发展，为果品运输提供便利。

第二节　热带果树的分类

一、按生长习性分类

热带果树按生长习性可分为乔木果树、灌木果树、藤本果树和草本果树。其中乔木果树有明显的主干，树体高大，如杧果、荔枝、龙眼等；灌木果树的树冠低矮，无明显主干，从地面分枝呈丛生状，如无花果、火龙果等；藤本果树的茎细长，蔓生不能直立，必须依靠支持物才能生长，如百香果、葡萄等；草本果树具有多年生的草质茎，如香蕉、菠萝、番木瓜等。

二、按种植面积分类

根据种植面积进行分类，热带果树可以分为大宗热带果树和特色热带果树。大宗热带果树包括香蕉、荔枝、龙眼、杧果、菠萝、柑橘等。特色热带果树包括杨桃、火龙果、番木瓜、莲雾、黄皮、波罗蜜、红毛丹、西番莲等。

三、按植物学分类

按植物学分类，热带果树分为裸子植物门热带果树和被子植物门热带果树，其中被子植物门的双子叶植物中有蔷薇科的枇杷，芸香科的柑橘类、黄皮等，无患子科的龙眼、荔枝、红毛丹等，桃金娘科的番石榴，番木瓜科的番木瓜，漆树科的杧果，西番莲科的西番莲等；被子植物门单子叶植物中有凤梨科的菠萝、芭蕉科的香蕉、棕榈科的椰枣等。

还可以按生态适应性分类，热带果树分为一般热带果树和真正热带果树。一般热带果树，如菠萝、香蕉、番木瓜、椰子、番石榴等；真正热带果树，如山竹、榴梿、腰果等。

第三节 热带果树的生长周期

一、果树的年周期

果树的年周期是指果树在一年中随四季气候变化而变化的生命活动过程，也称为年生长周期。果树随着季节的变化，有规律地进行萌芽、抽梢、开花、结果、落叶、休眠等生长发育活动。热带果树地上部各器官对气候变化的反应，在形态和生理上表现出显著的特征，即物候规律。一般果树的物候期，可分为：根系活动期、芽膨大期、萌芽期、新梢生长期、开花期、生理落果期、果实迅速生长期、果实成熟期、花芽分化期等。物候期具有一定的顺序性，同时也具有重叠交错及重演性。如同一株番木瓜果树上有开花、抽梢、结果、花芽分化等几个物候期重叠交错出现。热带果树的休眠期不明显。

二、果树的生命周期

热带果树在其一生的发育过程中，都要经历萌芽、生长、结实、衰老、死亡的过程，称为果树的生命周期。热带果树在生产上的繁殖包括有性繁殖和无性繁殖。有性繁殖的果树是由种子萌发长成的果树个体；无性繁殖的果树是指通过压条、扦插、嫁接和组织培养等方法，利用果树的营养器官繁殖获得的果树植株。热带果树的一生包括幼树期、结果期和衰老期三个阶段。

1. 幼树期

果树从苗木定植到第一次结果为幼树期。这个时期的果树，植株的生长只进行营养生长而不开花结果；在形态上表现为枝条生长直立、新梢生长量大、叶片小而薄。幼树期的长短因果树种类而异，同时与栽培技术有关，如苹果、梨为3～4年，柑橘为3～5年，荔枝为4～10年。

> 幼树期栽培技术措施：深翻扩穴，增施有机肥；合理整形，轻剪多留，增加枝量，培养树体骨架等，以缩短幼树期。

2. 初果期

果树从初次结果到大量结果之前的时期称为初果期。这个时期的果树，生长旺盛，分枝量大；中、短果枝比例增多，长果枝比例减少；树体从营养生长占绝对优势向与生殖生长相平衡过渡。

> 初果期栽培技术措施：加强肥水管理，保证树体需要；轻修剪，增加枝叶面积，使树冠尽快达到最大营养面积，同时缓和树势，为提高产量创造良好的物质基础；培养结果枝组，使树冠增加大量的结果部位，迅速提高产量。

3. 盛果期

从果树具有一定经济产量开始，经过多年的高产稳产，到出现大小年现象为止，这一时期称为盛果期。这个时期的果树，树冠和根系达到了最大生长限度；新梢生长缓和，发育枝减少，结果枝大量增加；全树形成大量花芽，产量达到高峰；果实大小、形状、品质完全显示出品种特性。

> 盛果期栽培技术措施：加强肥水管理，保证果树在盛果期对肥水的需求；均衡配备营养枝、结果枝和预备枝；做好疏花疏果工作，控制适宜的结果量，防止大小年现象过早出现；注意枝组和骨干枝的更新。

4. 衰老期

果树的产量开始明显降低，直到几乎没有经济产量，甚至部分植株不能正常结果以至死亡，这一时期称为衰老期。这个时期的果树，新梢数量明显减少，结果枝越来越少，骨干枝和骨干根衰老死亡；结果少而且品质差；树体的抗逆性显著减弱。

衰老期栽培技术措施：进行树体的更新复壮，培养更新枝，形成新树冠，恢复树势，尽量保持经济产量。

第四节　热带果树的育苗

一、实生苗

凡是用种子繁殖培育的苗木都称为实生苗，包括繁种苗、野生实生苗。

实生苗繁殖方法简单，繁殖系数高，苗木的根系发达，对环境适应力强，生长迅速，寿命长，产量高。缺点是变异较大，结果迟。热带果树的实生苗多用于嫁接苗的砧木或新品种繁育。有的树种难以采用无性繁殖的，如椰子、番木瓜等可用实生苗作果苗栽植。

实生苗的培育，时间较长，过程包括采种、种子贮藏、播前种子处理、播种和苗期管理。通常将种子薄摊于阴凉通风处晾干，不宜暴晒，热带地区全年可以播种。有些热带果树的种子一经干燥就丧失生命力，或本身种子的寿命短，不耐贮藏，必须随采随播或用湿沙贮藏。果树苗期肥料用量不大，但要求较高，尽量用小苗专用肥，严格按包装袋标明的数据配制。水肥要看苗情，如果苗过嫩，则延长浇水施肥间隔时间；反之，要增加浇水施肥次数。

二、嫁接苗

> 将植株的芽或枝接在另一植株上，使其愈合长成新植株的方法称为嫁接，采用嫁接得到的苗木称为嫁接苗。用于嫁接的芽或枝称为接穗，提供根系的部分称为砧木。

嫁接苗能保持母本树的优良性状，早结果，繁殖系数高；可利用砧木的抗性，扩大栽植范围；可利用矮化砧来调节树势。此外，高接换种可有效进行大树品种更新，在育种上可用于保存营养系变异，如芽变、枝变等。热带果树常用的嫁接方法有芽接、枝接、根接。

嫁接后砧木和接穗削面形成愈伤组织，愈伤组织的细胞进一步分化，连接砧木与接穗的形成层，向内形成新的木质部，向外形成新的韧皮部，连通二者的输导组织，愈合成新植株。影响嫁接成活的因素包括砧木和接穗的亲和力、树种与品种特性、砧木和接穗的质量及环境条件。同品种或同种间的亲和力最强，嫁接最容易成活；砧穗生长充实的，营养物质含量高的，有利于愈合，嫁接成活率高。一般温度 20～25 ℃，空气湿度高的条件下成活率高。过高或过低的温度、干旱、阴雨等都不利于嫁接苗成活。

三、扦插苗

> 将果树的营养器官与母体植株分离，给予适宜的条件，促使其发育成一新植株的方法称为扦插，采用扦插得到的苗木称为扦插苗。用作繁殖的材料（营养器官）称为插条。

根据扦插材料的不同，扦插可分为枝插和根插。枝插最常用，包括硬枝扦插和绿枝扦插。硬枝扦插是指用木质化的一年生或多年生枝条进行扦插，常用在葡萄、无花果、石榴等果树上；绿枝扦插又称嫩枝扦插、带叶扦插，是利用当年生尚未木质化或半木质化的新梢在生长期进行扦插，如百香果、火龙果可采用绿枝扦插。

选取枝条健壮、腋芽饱满的枝条作插条，随采随插。插条的长度一般是 10～20 cm，有 3～4 个芽，上切口为平口，离最上面一个芽 1 cm 左右，距离太近插穗上部易干枯，影响发芽；下切口可用平切口、单斜切口、双斜切口及踵状切口等，平切口生根均匀，斜切口常形成偏根，但斜切口与基质接触面积大，利于形成面积较大的愈伤组织。插条上可以保留叶片 1～2 枚，大叶片可剪去 1/3～1/2，以减少蒸腾。插条长度的 1/3～1/2 埋入基质，保持基质湿润，并遮光和保湿 1～2 周，成活后及时去除覆盖物。

四、压条苗

压条是指在枝条不与母株分离的状态下，压入土中，使其生根后，再与母株分离，成为独立植株的繁殖方法。采用压条得到的苗木，称为压条苗。

压条的方法有普通压条、水平压条、培土压条和空中压条等。普通压条和水平压条，可在枝条生根的部位环剥或刻伤，用树杈等固定并覆土，顶端芽露出地面继续生长；土壤保持湿润，并利用摘心等措施，控制新梢旺长，促使埋入土中的部位生根。水平压条法的繁殖系数较高。培土压条时，将枝条基部环剥或刻伤，多次培土使其生根，起苗时，拨开土堆，从新梢基部靠近母株处剪断，分出带根系的小植株。此法操作简单，但繁殖系数较低。

空中压条法在整个生长季节都可以进行，春季和雨季最易成活。在母株上选择生长健壮的 2～3 年生枝条，进行环剥或环割，用塑料薄膜或营养钵套在伤口处，下方扎紧，使包装材料呈漏斗状，填入湿度为手捏成团但无水流出的基质，稍加压实，扎紧上部。2～3 月后观察，发根则剪离分株。不易弯曲埋土压条的果树，如荔枝、龙眼、柑橘、枇杷、人心果、鳄梨等，常用此法进行压条繁殖。此法技术简单，成活率高，但对母株伤害大。

五、分株苗

利用果树的根蘖、吸芽、匍匐茎等生根后，与母株分离进行栽植的育苗方法称为分株。采用分株繁殖得到的苗木，称为分株苗。

分株繁殖方法包括根蘖分株法、吸芽分株法和匍匐茎分株法。

根蘖分株法，如石榴等果树在自然条件或外界刺激下可以产生大量的不定芽，这些芽长出新枝、新根后，剪离母体成为一个独立植株，又称为根蘖苗。

吸芽分株法简单，可获得健壮种苗，香蕉、菠萝等果树在生产上常用。吸芽具有完整的根茎叶，与母株分离后即可成活。

有些果树的地下茎的腋芽在生长季节能够萌发出一段匍匐茎。匍匐茎的节位上能够长出地上部分和新生根，剪断匍匐茎栽植，长成新苗木，称为匍匐茎分株法。

热带地区一般全年均可分株栽植，雨季开始时分株栽植成活和生长较佳。

六、组培苗

组培育苗是指通过无菌操作，把植物的叶、茎、花药等器官或组织作为外植体接种在人工培养基上，在适宜的环境条件下进行离体培养，使其发育成完整植株的过程。由于该过程是在脱离母体条件下的试管内完成，因此又称为离体苗培育或试管苗培育。

利用组织培养技术进行果树繁殖的方法，又称为微体繁殖。

组培育苗用材少、繁育周期短、繁殖率高、培养条件可人为控制、可实现周年供应。同时，组培育苗管理方便，有利于工厂化生产和自动化控制。

　　部分热带果树如香蕉、菠萝等，利用营养体进行无性繁殖，经过数代繁殖之后，生产力下降，而且容易感染病毒，造成产量下降，果实小，品质变劣。而番木瓜等果树虽然可以采用种子繁殖，但是植株分雌雄，不便于后期管理。通过组织培养的方法可以克服传统育苗方法中存在的问题，具有育苗速度快、便于大规模生产种苗、种苗健壮、生长整齐的特点。而且，由于在组织培养脱分化过程中恢复了组织的胚性生长，重新分化得到的幼苗具有像实生苗一样的生产力。组培苗生长旺盛，产量高，果实大。同时，通过茎尖培养有利于脱除病毒，从而减少病毒危害。

第二章 柑 橘

柑橘是橘、柑、橙、金柑、柚、枳等的总称。柑橘的种类和品种极为丰富，多不胜数。我国的柑橘分布在北纬 16°～37°，海拔最高达 2 600 m。全球柑橘的种植面积和产量均居百果之首，我国柑橘种植面积和产量均居世界之首。

第一节 品种类型及苗木选择

一、主要品种类型

(一) 橙类

海南省种植面积较大的甜橙品种有琼中绿橙、澄迈福橙、白沙红心橙、临高皇橙等。果实近圆形，果皮绿色至黄绿色，果肉橙黄色，有核，汁多，化渣，甜酸适度。

(二) 橘类

海南青金橘，又名酸橘、青橘、山橘、年橘、绿橘，海南人俗称公孙橘、橘仔，为海南本地野生种，是芸香科常绿小乔木，味极酸，多用于作料，一般不鲜食。

(三) 柚类

热带地区种植的品种类型主要有沙田柚、琯溪蜜柚、儋州蜜柚、海口蜜柚等。果实个大肉厚，香甜可口，汁多。

（四）柠檬

常见的柠檬主要分为黄柠、青柠、香水柠檬三种类型，主栽品种有香水柠檬、台湾青柠、万宁柠檬、海南青柠檬、手指柠檬等。

二、苗木选择

热带地区栽培柑橘，用于嫁接苗的砧木可以选择江西赣南脐橙、江西红橘、四川红橘或广东酸橘、红柠檬、酸柚等，其直根系较强，水平根少、抗旱、耐热、抗病能力强；树较高大强壮，丰产且后劲足，适合热带海洋季风气候。

砧木对接穗的生长势有明显影响。矮化砧、半矮化砧主要用于密植以提高果树的早期产量，但是后期易出现黄化或者其他问题。乔化砧主要用于生长势较弱的接穗品种，或在比较贫瘠、缺水的土壤上应用，结果比较晚，但乔化砧往往主根发达，水肥吸收能力强，植株后期表现良好。

柑橘的嫁接苗选用主干粗度在 0.8 cm 以上，嫁接口离地面 5 cm 以上，分枝 2～3 枝，分枝长 15 cm，苗高 35 cm 以上，枝叶健全，根系发达，叶色浓绿，砧穗接合部的曲折度不大于 15°的苗木。

第二节 园地选择

热带地区柑橘建园要求土壤土层深度在 60 cm 以上，有机质含量在 1.5%以上，土壤 pH 5.5～6.5，果园坡度低于 25°的平地或缓坡。建园前勘测可供水源和供水量，园地规划时应有必要的道路、排灌、蓄水和附属建筑设施。在具体规划时，平地有积水的采用深沟高畦种植，1～4 行挖一条深沟，沟深≥1 m；不积水的采用起畦种植，畦面高 40～50 cm、宽 250～300 cm；缓坡采取环山行等高梯田方式种植，台面宽 2.5～3.0 m，内倾斜 3°～5°，平台行间 4.5～5.0 m，梯壁面开背沟，背沟深 30～40 cm、宽 60～80 cm。

第三节　栽　　植

一、栽植时间

柑橘在热带地区一年四季均可栽植，一般在春、秋季栽植，以秋季栽植效果较好。秋季栽植一般在 8 月下旬至 9 月上旬，春季栽植在 2～3 月。

二、栽植密度

根据植株大小，柑橘的株行距为 2 m×3 m 或 3 m×(4～5) m。琼中绿橙和万宁柠檬每公顷栽 700 株左右，儋州蜜柚每公顷栽 800 株左右，海南青金橘每公顷栽 900 株左右。

三、栽植方法

栽植柑橘前 1 个月，挖好定植穴，定植穴长、宽、深为 80 cm×80 cm×80 cm。每个定植穴施腐熟有机肥 25～50 kg 和过磷酸钙 2 kg，肥料与表土拌匀放入穴内，回填的土高出地面 10～20 cm。

栽植时，在定植穴上深挖 25～30 cm，将苗木放入定植穴中央，舒展柑橘的根系，填入细土 2/3 时，轻轻向上提苗扶正，后填土至满，轻踏实，使根系与土壤密接，浇足定根水。栽植深度与在苗圃时相同，嫁接口露出地面 3～5 cm。

第四节　水肥管理

一、水分管理

苗木定植后随时灌水，保持土壤湿润，促发新根，确保苗木的成活率。新梢萌动期出现干旱时要及时灌溉，以满足新梢萌芽、生长所需的水分。灌溉可结合施肥进行。柑橘园最忌积水，雨季及时排水，旱季适时灌水，避免发生烂根或地上部生长受抑制。

二、肥料管理

(一) 肥料选择

肥料种类很多，除了市面上合格适用的无机复合肥、无机复混肥、无机单元肥、生物肥、叶面肥以外，还有绿肥、饼肥、泥肥、沼气肥、沤肥、厩肥、人畜粪尿等有机肥。

温馨提示

柑橘是忌氯作物，对其禁止使用任何含氯肥料。在处理有机肥时，一定要在高温发酵腐熟的情况下才能施用。

(二) 施肥方法

以土壤施肥为主，配合叶面施肥。采用环状沟施、条沟施、穴施、水肥浇施和叶面喷施等方法。种植当年，根系生长尚弱，远施根系吸收不到养分，近施或深施容易松动根系，影响植株成活，最好采用水肥浇施。浇施前在树干周围浅松土 1～2 cm，防止肥水流失，提高肥水利用率。种植后第 2 年起，采用环状沟施或条沟施，化肥采用浅沟施，沟深 15～20 cm，农家肥、饼肥等有机肥采用深沟施，沟长、宽、深为 100 cm×（50～70）cm×60 cm。在树冠滴水线处挖沟，沟挖好后，将肥料均匀撒在施肥沟里，并与土拌均匀，然后覆土。在根系施肥的基础上，用 0.3％尿素、0.2％磷酸二氢钾或含有多种微量元素的叶面肥等，单独或配合农药进行根外追肥。

成年的柑橘树还采用扩穴法进行深翻改土，挖深 0.6 m、宽 0.5～0.7 m、长 1 m 的环状沟或条沟，结合秋末冬初施肥，分层施入表土、有机肥、绿肥、厩肥，同时拌少量石灰和磷、钾肥。环状沟或条沟方向可定当年为南北方向，翌年为东西方向，通过 2～3 年全面完成深翻改土。

（三）施肥量

为提高柑橘的果实品质，柑橘的施肥原则为：多施有机肥，合理施用无机肥，并结合叶片营养诊断科学配方施肥。尤其限制使用含氯化肥，结果树年施氯化钾不超过 250～500 g/株。

1. 幼树

以氮肥为主，配合磷、钾肥，少量多次施用。春、夏、秋梢抽生期施肥 6～8 次，分别在枝梢萌芽期及老熟期施用。顶芽自剪至新梢转绿前增加根外追肥。1～3 年生幼树单株年施纯氮 200～400 g，氮、磷、钾比例以 1：（0.3～0.4）：0.6 为宜。如琼中绿橙，一般在每年的 11～12 月以施有机肥为主，适当配施磷、钾肥，每株施有机肥 25～50 kg、复合肥 0.5～1.0 kg、钙镁磷肥 1～2 kg。施肥量应由少到多逐年增加。

2. 结果树

柑橘进入结果期后，目标产果 100 kg/株，需要施纯氮 0.6～0.8 kg，氮、磷、钾之比以 1：（0.4～0.5）：（0.8～1）为宜。微量元素肥则根据营养诊断进行施用，叶面喷施，按 0.1％～0.3％浓度施用。每年施肥 3～4 次，分别为 2 月底或 3 月上旬萌芽前施肥 1 次，以复合肥为主；7 月中下旬施肥 1 次，以复合肥为主；10 月中下旬或 12 月下旬施基肥 1 次，以有机肥为主配合适量化肥。

每年采果后及时施足量的有机肥作为基肥，基肥中的氮施用量占全年的 40%～50%，磷占全年的 20%～25%，钾占全年的 30%。萌芽肥以氮、磷为主，氮施用量占全年的 20%，磷占全年的 40%～45%，钾占全年的 20%；壮果肥以氮、钾为主，配合施用磷肥，氮施用量占全年的 30%～40%，磷占全年的 35%，钾占全年的 50%。

第五节 整形修剪

柑橘树应适时修剪，培养主干和主枝，形成自然圆头形或自然开心形树冠。田间管理时适时剪除病虫枝条、衰弱枝条及无用枝条等。

一、整形

整形采用摘心、拉枝、撑枝、吊枝等方法，培育树冠骨架枝。新植树未分叉的要剪顶摘心，定主干高度 40～50 cm，在定干剪口以下约 20 cm 的整形带内，培育方位角度约 120°、垂直角度约 60° 的 3 个主枝，每个主枝继续选留 2～3 个副主枝，再配置侧枝，形成紧凑、牢固的树冠骨架。柑橘树主枝方位角度和垂直角度不理想的，后续可以通过拉枝、撑枝、吊枝等方法进行调整。

二、修剪

幼龄柑橘树修剪宜轻不宜重，修剪采用抹芽、打顶、疏剪、剪除、短截等方法，以抽梢扩大树冠，培育增粗骨干枝，增加树冠枝梢叶片为主要目的。

修剪的重点：一是在夏、秋梢零星抽梢长 3～5 cm 时进行抹芽摘除，直至所要求统一放梢的时间才停止，促使一、二次夏、秋新梢多而整齐，充实树冠，使幼树速生快长。二是对生长过长的夏、秋梢，在生长量达到 20～30 cm、顶芽尚未木质化时，摘去树冠外围延长枝顶端 2～3 个芽，留 8～10 片叶，促使枝梢增粗，芽眼饱满，有利分枝。由于顶端优势的关系，打顶后要配合抹芽，把抽出最早、最旺的顶芽抹除，避免枝条延伸生长。三是对病虫枝、干枯枝、过密枝进行疏剪，以节省树体养分及减少病虫传播。四是对霸王枝进行剪除，以减少树体养分消耗。五是结合树冠整形，对主枝、副主枝、侧枝的延长枝短截 1/3～2/3，使剪口处 2～3 个芽抽生健壮枝梢，延伸生长。

第六节　花果管理

柑橘的幼龄树主要以营养生长为主，管理不当时会有少量开花结果，如果不适度调控，会消耗树体养分，影响抽梢和树冠扩大，因此，幼龄树必须做好控果促梢工作。

1. 以修剪抑制开花

冬季修剪以短截、回缩为主。花前修剪，强枝适当多留花，弱枝少留或不留，有叶单花多留，无叶花少留或不留。及时抹除畸形花、病虫花等。还可以氮肥控花。10 月下旬至 11 月上旬，适当重施氮肥或叶面喷施 0.3% 尿素液，能抑制柑橘的生殖生长，促进营养生长。

2. 促进开花

秋季采用环割、断根、拉枝或施用促花剂等措施促进幼、旺树花芽分化。柑橘树的环割在 10 月底或采果后进行。

3. 人工疏果

第一次疏果在第一次生理落果后进行，疏除小果、病虫果、畸形果和密弱果；第二次疏果在第二次生理落果结束后进行，根据叶果比进行疏果。适宜叶果比为（40～50）：1。

部分年份柑橘需要保花保果。适当抹除春梢营养枝，盛花期、谢花期和幼果期喷施细胞分裂素、赤霉素等保花保果剂，可以保花保果。

第七节　高接换种

一、柑橘对高接换种树的要求

高接换种是指在树冠的主枝或分枝上的较高部位进行嫁接，将原品种改换成良种。要进行高接换种的柑橘树，树体营养好，主干和根系健康，没有病虫害，生长正常。接穗和砧木的亲和性好。柑橘树龄一般不超过 20 年，离地 10 cm 处的主干直径在 20 cm 以内。树干太粗，形成层活动能力差，嫁接成活率会受影响。用于高接换种的树分枝部位要低，利于换种后控制树冠高度。

用于嫁接的芽一定要饱满，最好采用枝接，用于枝接的接芽长度在 1 cm 以上，以保证接芽有充足的营养，有利于接芽的成活和萌芽抽出好枝。

二、砧穗组合

柑橘高接的接穗品种与中间砧的亲和力，关系到高接与换种的成败。以枳砧尾张温州蜜柑为砧木，高接宫川、龟井或山田接穗，其结果性能极好；高接香水橙，生长结果多年表现良好；高接椪柑，亲和力强，树姿开张，生长结果良好；高接锦橙，生长结果多年表现良好。枳砧瓯柑高接早熟温州蜜柑、椪柑，生长结果良好。

普通柚嫁接的文旦柚，普通柚、文旦柚高接锦橙、纽荷尔脐橙，生长结果良好，但果皮粗糙，果实比一般的稍大。金柑、朱红橘和温州蜜柑高接香橼、柠檬生长结果表现较好。枳砧温州蜜柑高接兴津品种，结果较少，而树势强旺，坐果率低。枳砧文旦柚、朱红橘高接温州蜜柑，生长缓慢，叶色不正常，长势又差，而且亲和力不好，成活率较低。

三、柑橘高接换种的时期

柑橘高接换种与柑橘苗木嫁接一样，在整个生长期都可以进行，一般在2～3月和9～10月进行高接换种的成活率相对较高。但高接换种与小苗嫁接也有不同之处，主要是高接换种前或高接换种后去砧的桩头大、伤口大、愈合慢，容易在高温时干枯爆裂，所以高接换种通常在春季去桩，切接与腹接相结合，在夏秋季进行腹接。去桩的时间在春季萌芽前。

春天土壤温度开始上升，气温12℃左右，柑橘树液开始流动，但还没有发芽时进行高接换种，此时树体通过根系从土壤中获得水分、矿质营养，通过木质部运输到地上部分供给萌芽抽梢的需要，也就是说，春季发芽前树体本身积累的营养较多，加之树的根系从土壤中吸收的营养，萌芽所需的营养可以得到充足的保障，对嫁接后萌芽抽梢非常有利。尤其在春梢萌发前1～3周嫁接成活率较高。7～8月高温过后冬季低温来临前进行高接换种，此时气温仍较高，高接后伤口愈合快、成活率高，如有嫁接没有成活的，可以在秋季及时进行补接，也可在第二年春季进行补接。

温馨提示

气温过低或强风浓雾、雨后土壤太湿、夏秋中午高温烈日均不宜嫁接。

四、柑橘高接换种的部位

选择较直立的主枝或分枝，在分枝点上方的 15～20 cm 处嫁接。在柑橘生产中，存在嫁接部位过低或过高的现象。有的 20～30 年树龄，仅在主干上接 1～2 个芽，未充分利用原来的树冠骨架来恢复产量，且这 1～2 个芽接在较大的主干上，伤口处难以愈合，接芽抽出的枝很易被风力或人力破坏。而嫁接部位过高，接芽太多，会造成树冠长势不良，原枝干上萌蘖的抹除工作量很大。柑橘高接换种不仅要考虑更换品种，还要考虑充分利用高换树的分枝，以确保高接换种后适当多抽枝梢，尽快形成丰产树冠，实现早丰产早受益。在高接换种时，还必须考虑高接换种后要方便管理，结果后高换树要尽可能长时间地继续丰产稳产，延长树的寿命。因此，在高接换种时特别要选择好高接换种的嫁接部位。

柑橘高接换种时，接芽的多少，由树冠的大小而定，一般成年树距地面 1.3～1.5 m 为宜。1 m 左右的树冠，高接 10 个芽以内；2 m 左右的树冠，高接 20～30 个芽；3 m 左右的树冠，高接 30～40 个芽；4 m 左右的树冠，高接 40～50 个芽。树冠的结构对嫁接的部位也有影响。树干较矮、分枝部位较低的树，高接换种的部位也相对比较低；树干比较高，分枝相对较高，高接换种的部位也相对较高；对于树干较高、分枝少或没有分枝的树，高接换种可以选择在一级分枝和主干上进行。

柑橘树高接换种时，嫁接点也要考虑。在分枝上进行嫁接时，嫁接部位距离分枝点不能太远，以近为好。如果嫁接部位离分枝点太远，经过几次抽梢后，树体内部很容易出现空膛现象，尤其对于一些生长势强旺的品种，在没有控制好枝梢长度的情况下更为明显。

还要根据分枝的粗度选择嫁接的具体位置。分枝直径在 5 cm 以上的，嫁接部位离分枝点稍远，第一个嫁接点离分枝点的距离应控制在 20~30 cm 以内；分枝直径在 5 cm 以下的，嫁接部位可以离分枝点近一些，第一个嫁接点可以控制在离分枝点 10~20 cm 以内。

嫁接部位选定后，嫁接点的位置尽量选择平整光滑的地方，而且方向以向上为好，这样嫁接后接芽处不易积水，接芽萌芽后抽出的枝也不易折断。

切记不要把接芽嫁接在枝背光的一面，若包膜不严，水易进入而导致接芽积水腐烂。即使接芽萌发抽枝，长出的枝梢经风吹或果实重力作用等也很容易断裂。

五、柑橘高接换种的方法

柑橘的高接换种可以用单芽腹接或切接，切接方式居多，少数也用劈接。春季以单芽切接为主，也可以用腹接法，其他季节多用腹接法。选择充实、芽眼饱满的枝条作为接穗。将接穗枝条从芽的下部斜向削出 60°的斜面，之后将接穗翻转，使其平整面朝上，在芽上削去 2~3 mm 的表皮，控制好削皮操作的力度，去除的皮层不宜过厚也不宜过浅。同时需要保证一次削皮到位，不得出现重复削皮的操作，削皮力度控制在芽体表面不存在绿色为宜。如果芽体表面还存在绿色，就证明削皮力度不足，这对芽体的愈合程度和发芽率将带来一定影响，而过度削皮也会导致芽体的成活率降低。芽体削好之后需要立即放置在事先准备好的清水盆中，避免在阳光下快速枯萎而无法进行后续的嫁接操作。

接前 1~2 d 锯断砧桩，使多余水分蒸发，以免接口霉烂，也称为截干。用利刀将砧木修光滑，中间比四周略高，每个分接口下留一定数量的小枝作为辅养枝，接口方位应选在朝向主干的一侧较好，切忌选在外侧以免结果后造成接口分裂。

放接穗时应选与砧木切面大小一致、长短适宜的接芽，务必使穗砧形成层两侧或一侧对正，并紧贴，然后用宽 0.7～0.8 cm、长 20～25 cm 的塑料薄膜带包扎，封住嫁接部位保湿。包扎时除把接芽包扎好外，还应包扎接芽顶部有伤口部分，以防接芽干枯，同时，桩头切面应覆一层塑料膜保鲜防干，然后再用方块塑料膜覆盖接芽顶端和整个桩头，以防雨水进入，同时也防干枯死亡。高接换种除春季切接时塑料薄膜覆盖保护的芽可以露出芽眼外，春季和夏秋季腹接的其他芽都不要露出芽眼，将芽全部包裹以防低温冻害。

六、柑橘高接换种后的管理

高接换种后 15 d 进行田间检查，如果接穗新鲜，叶柄脱落，说明已经成活，可将薄膜解开一部分，露出芽眼，但仍要扎紧。若接穗已枯死，应立即进行补接。春季切接宜在嫁接后 30 d 解除薄膜。夏季在嫁接后 15 d 解除薄膜。秋季在嫁接后 25 d 解除薄膜。春季腹接的一般在接后 15 d 断干，10 月以后高接换种的要留到来年 3 月才能断干。柑橘接芽抽梢期间，要经常把砧木上的萌蘖摘除，促进养分集中供应接枝生长。新梢长至 2 cm 时，每个基枝保留两三条新梢，多余的疏去。春梢长至 20～30 cm 时及时摘心，夏秋梢长至 25～30 cm 时摘心，晚秋梢留三四片叶摘心。使基部长得粗壮，加速分枝。每砧有 2 个接穗的，应留强的 1 个，腹接和芽接伤口愈合后，第 1 次剪砧要离接口 20 cm，待新梢停止生长后齐接口截断，伤口涂上接蜡或其他保护剂。

高接换种后每月施肥一次，以高氮复合肥为主，根据柑橘树体大小及长势确定施肥量，配合施用有机肥，各次新梢停长后用 0.3% 尿素加 0.3% 磷酸二氢钾以及其他叶面肥进行根外追肥，一年根外追肥五六次。高接换种果园主要病虫害有炭疽病、潜叶蛾、蚜虫和红、黄蜘蛛等，根据情况及时防治。

第八节 病虫草害防治

一、主要病害

（一）柑橘黑斑病

柑橘黑斑病为真菌性病害，主要危害果实，使果实品质降低，不耐贮藏。集中喷药处理或深埋病果，彻底清理柑橘园，修剪病枝及病叶，并集中喷药后粉碎，会降低黑斑病的发生。柑橘黑斑病只在幼果期进行侵染，防治该病要贯彻以喷药保果为主的综合防治措施。化学防治宜在每年 4～10 月进行，可使用灭病威或硫黄等喷施防治。

（二）柑橘溃疡病

柑橘溃疡病为细菌性病害，主要危害叶片、枝梢、果实和萼片，形成木栓化稍隆起的病斑。病害严重时引致叶片脱落，枝梢枯死，对柑橘品质及产量造成严重危害。发病率高达 80％以上。

化学防治药剂可选用 27.12％碱式硫酸铜悬浮剂 500 倍液，或 77％硫酸铜钙可湿性粉剂 500 倍液，或 77％氢氧化铜水分散粒剂 500 倍液等。

（三）柑橘流胶病

柑橘流胶病为真菌性病害。柑橘树长至 1 m 左右、移栽两三年时易发生柑橘流胶病，高温是其主要的发病条件，夏季 7～8 月水分多、温度高、阴雨天气、施用未沤熟的人粪尿、氮肥施用过多等因素均可导致流胶病发病。由于该病有病斑，可用刀将病斑皮刮掉，然后涂抹波尔多浆、春雷霉素等药剂进行防治；也可按照 10∶1 的比例配制生桐油＋硫黄粉的混合液涂抹防治。

（四）柑橘炭疽病

柑橘炭疽病为真菌性病害，危害严重且普遍，不仅柑橘生长期的枝、叶、果易感病，还会感染贮藏期的果实，导致果实腐烂。柑橘感染炭疽病后会出现落叶、枯枝、落果等现象，严重影响柑橘的产量及品质。炭疽病的发病时间在 9～11 月，如遇多雨季节，则易发生急性炭疽病，发病后会导致果脐腐烂，影响产量及品质。可采用 80％代森锰锌可湿性粉剂 800 倍液，或 80％波尔多液可湿性粉剂 500 倍液，或 77％氢氧化铜水分散粒剂 500 倍液等，兼防疮痂病。7～8 月雨后立即用药，防治效果更好。

二、主要虫害

（一）柑橘木虱

1. 危害特点

柑橘新梢期主要害虫，全年均可发生。成虫将卵产在柑橘的嫩梢上，若虫孵化后吸食嫩梢汁液，导致嫩梢畸变甚至凋萎，其分泌的白色蜜露还会引起煤烟病的发生。柑橘木虱还会传播柑橘黄龙病，导致柑橘长势减弱、生活力下降、产量降低、品质变劣，甚至导致植株枯萎和死亡。

2. 防治方法

保持柑橘树通风透光，可有效降低柑橘木虱等虫害的发生率。在春梢、夏梢、秋梢等新芽萌发至展叶时进行喷药防治。可选用 55％氯氰·毒死蜱、15％啶虫脒·氯氰菊酯，或 30％唑磷·毒死蜱，或 40％敌百虫·氯氰菊酯，或 40％啶虫脒·毒死蜱这类复配制剂；或者选用 10％氯氰菊酯、2.5％联苯菊酯、10％吡虫啉等单剂药物搭配喷施。

（二）柑橘潜叶蛾

1. 危害特点

主要发生在柑橘的夏梢和秋梢期，以幼虫潜入柑橘嫩叶及嫩茎皮下组织取食，使得叶背及嫩茎上布满银白色的弯曲隧道，导致被害叶片卷缩、畸形、硬脆，影响光合作用。柑橘幼树发生尤其严重。

2. 防治方法

柑橘潜叶蛾只危害幼芽嫩叶。控零乱梢，促统一放梢，可有效降低柑橘潜叶蛾的发生。在新梢抽出 0.3 cm 或全园有 50％果树抽发新梢时开始喷药，每隔 7～10 d 喷 1 次，每批梢喷 2～3 次，可选用 2.5％高效氟氯氰菊酯水乳剂 4 000～6 000 倍液，或 1.8％阿维菌素乳油 2 000～4 000 倍液，或 5％氟啶脲乳油 1 500 倍液，或 20 g/L 氯虫苯甲酰胺悬浮剂 200 倍液等防治。还可用苏云金杆菌防治。

（三）尺蠖

1. 危害特点

发生在每年的 4～6 月。以幼虫取食柑橘叶片，导致叶片出现孔洞或只剩叶脉，形成秃枝，造成树势衰弱，产量降低；此外，大造桥虫、大钩翅尺蛾和外斑尺蠖的幼虫还可取食幼果，幼果受害后出现孔洞，导致果实提前掉落或失去商品价值。

2. 防治方法

成虫可利用其趋光性，在果园悬挂黑光灯或频振式杀虫灯诱杀，幼虫则用药剂喷杀。化学防治可用 2.5％高效氯氟氰菊酯乳油 4 000 倍液，或 5％甲维·高氯氟水乳剂 3 000 倍液，或 50％虫螨·丁醚脲悬浮剂 6 000 倍液，或 30％阿维·灭幼脲悬浮剂 1 500 倍液，或 12％多杀·虫螨腈悬浮剂 2 500 倍液，或 2.2％甲维·氟铃脲乳油 4 000 倍液等喷雾。结合防治潜叶蛾、蚜虫，统一用药兼治。

（四）螨类

1. 危害特点

危害热带地区柑橘的螨类以柑橘全爪螨、柑橘始叶螨及柑橘锈壁虱为主，全年均可发生，并以 11 月至翌年 5 月发生较重。螨类以刺吸性口器刺吸叶片、嫩梢、果皮汁液，导致叶片畸形、果实锈斑，严重时造成落叶，影响柑橘长势，降低果实的产量及品质。

2. 防治方法

化学防治可使用洗柴合剂、石硫合剂、机油乳剂等农药防治，避免使用有机磷、有机氯等污染严重的农药，挑治中心虫株用药。还可喷洒 20％哒螨灵乳油 2 000～3 000 倍液，或 2％阿维菌素乳油 2 000 倍液，或 15％哒螨灵乳油 1 500 倍液等防治。

(五) 卷叶蛾

1. 危害特点

主要发生在每年的 3～8 月。幼虫可危害柑橘的嫩叶、花蕾和果实，常吐丝将叶卷折，或将数片叶、数个花蕾黏结在一起形成虫苞，幼虫躲入其中取食危害，或将叶片咬成缺刻或穿孔，影响嫩梢的生长；花蕾和幼果被钻孔蛀害，致使花器凋萎及幼果脱落和腐烂，影响柑橘产量。

2. 防治方法

清除枯枝落叶和果园杂草。化学防治可使用 5％浓缩阿维菌素 6 000～10 000 倍液，或 2.5％溴氰菊酯 8 000～10 000 倍液均匀喷洒。一般在防治蚜虫、螨类时兼治，不单独用药，如虫量过多，再单独使用化学药剂防治。

(六) 凤蝶

1. 危害特点

主要发生在每年的 2～5 月，其幼虫取食柑橘嫩叶及新梢，造成叶片残缺不全，严重时只剩叶脉，形成秃枝，影响植株长势，降低产量。

2. 防治方法

化学防治可采用 10％吡虫啉可湿性粉剂 3 000 倍液，或 10％氯氰菊酯乳油 2 000～4 000 倍液，或 2.5％溴氰菊酯乳油 1 500～2 500 倍液，或 45％马拉硫磷乳油 1 000～1 500 倍液，于幼虫期均匀喷洒。

(七) 天牛

1. 危害特点

危害主要发生在每年的 4～11 月。天牛以其幼虫蛀食柑橘的小枝条，随后沿着枝条向下蛀食直到主干，或者在近地面蛀食树干和树根，使得木质部出现蛀道，甚至被蛀空，造成叶片黄化，枝条枯死，全株长势衰弱，甚至死亡。

2. 防治方法

田间观察树干，天牛幼虫洞口有木屑状虫粪排出处，可顺着洞口凿孔。将虫孔内木屑排出，用棉花蘸 40％乐果乳油或 80％敌敌畏乳油 5～10 倍液塞入虫孔，再用泥封住孔口，以杀死幼虫。还可在产卵盛期用 40％乐果乳油 50～60 倍液喷洒树干、树颈部。

三、草害

热带地区草害严重，防除工作量大。柑橘园内长期使用除草剂，影响土壤养分的供应状况。生草栽培是在行间或树盘外种植草本植物，既能抑制杂草的生长，又不与柑橘争水、肥。较好的草种有藿香蓟、马唐草、柱花草等，也可以种植决明、绿豆、田菁等绿肥作物。实行"以草养园"，是幼龄果园比较理想的土壤管理方式。也可以不另进行人工栽培，铲除果园内深根、高秆和其他恶性杂草或灌木，选留自然生长的浅根、矮生、与柑橘无共生性病虫害的良性杂草，使其覆盖地表，对草进行管护，铲除树冠滴水线外 30 cm 以内的所有杂草，减少草与柑橘争水争肥。在杂草旺盛季节进行多次割除，控制高度。

第九节　采　　收

鲜销果在果实正常成熟，表现出本品种固有的品质特征时采收，贮藏果比鲜销果宜早 7～10 d 采收，加工用果宜晚 7～10 d 采收。果实采摘要避开太阳暴晒和有雨露时。采摘时要用圆头果剪"一果两剪"：第一剪连同果梗或无用的果蒂枝剪下；第二剪剪齐果蒂，以免果实在装运中相互碰撞刺伤，同时要轻拿轻放，避免机械损伤。

温馨提示

采果时注意：采果人员忌喝酒，以免乙醇熏果更不耐贮运；采果人员指甲应剪平，最好戴手套操作；入库贮藏的果实应在果园进行初选分级，果实不得露天堆放；容器内应平滑并衬软垫，一般以硬纸箱、木箱、塑料箱作为包装箱，每箱 10～20 kg 包装贮运为宜。运输途中应尽量避免果实受大的震动而发生新伤。长途运输最适冷藏温度：甜橙类 3～5 ℃，宽皮柑橘类 5～8 ℃，柚类 8～10 ℃。冷库贮藏也应经 2～3 d 预冷后达到此最终温度。同时保持相对湿度：甜橙 90％～95％，宽皮柑橘类及柚类 85％～90％。

第三章　杧　　果

杧果为漆树科杧果属，原产印度，在海南、云南、广西、广东、福建、台湾等省份都有种植。生于海拔 200～1 350 m 的山坡、河谷或旷野林中。分布于印度、孟加拉国、中南半岛和马来西亚。

第一节　品种介绍

杧果属有 39 个种 1 000 多个品种，目前大面积种植的仅有 20 多个。海南省不同产区栽培的杧果品种重叠度较高。台农 1 号、金煌杧和贵妃杧三大品种占市场份额的 90% 以上，其他品种除台牙、红玉杧有一定面积外，鸡蛋杧、圣心杧、澳杧、热品 4 号、爱文、白象牙、热农 1 号等品种栽培面积较小。

一、台农 1 号

台农 1 号是台湾省选育的矮生、早熟品种，是目前海南省主栽品种之一。该品种树冠矮小，枝梢短，叶片窄小，抗风抗病力强，着果率高。嫁接苗栽植后 3 年开花结果，单株产量可以达到 5～10 kg 或更高，丰产性较好。果实呈尖宽卵形，稍扁，成熟的果实黄色，果肩晕红，单果重 150～200 g；果肉深黄色，多汁、味甜、纤维含量低，耐贮运，商品性佳。对炭疽病抗性强。

二、金煌杧

金煌杧是台湾省自育品种，树势强，枝梢直立，树冠高大，叶片大，叶色深绿，花期长，花朵大而稀疏。果实呈长卵形，未成熟也可食用，成熟时果皮橙黄色，皮薄。果肉橙黄色、细腻、肉厚，香甜爽口，果汁多，纤维极少，糖分含量 17％，可溶性固形物含量 15％～16％，种核扁小。果实特大，平均单果重 1 200 g，最大果重 2 500 g，品质上乘，商品性好。该品种在海南种植表现为早结、丰产、稳产，较耐阴雨天气，较抗炭疽病，是目前最受欢迎的栽培品种。

三、贵妃杧

又名红金龙，台湾省选育，属优质中熟品种。该品种长势强，早产、丰产性好，4～5 年生嫁接树单株产量为 20～30 kg 或者更高。果实长椭圆形，果顶较尖小，单果重 300～500 g，果面光洁。未成熟果紫红色，成熟后红黄色；果肉橙黄色，肉质细滑，纤维少，水分丰富，口感清甜，糖度 14°～18°，种子单胚，较耐贮运，品质上等。目前在海南已经成为主栽品种之一，在海南表现较易催花、易挂果、易保果，产量明显高于台农 1 号。

不足之处：未充分成熟的果实略带松香味，黄熟后果实较软，果皮娇嫩，稍受挤压即易形成淤伤斑，影响外观。

四、红玉杧

红玉杧在海南省有少量种植。树姿开张，树冠圆头形，枝梢密度适中。叶长椭圆形，半下垂生长。有多次开花现象，花序轴直立，顶生，长圆锥形。青熟果淡绿色带点红，成熟果黄白色。果粉一般，果皮光滑，不易剥皮。果大水分足。果肉浅黄，肉质细腻，纤维极少。红玉杧属于中熟杧果品种，从坐果到七成熟采摘需要

120～130 d。5 年树龄单株产量 35 kg，中等，不采树熟果，一般整
园采摘。

五、澳杧

澳杧原产澳大利亚，粗生易管，早结丰产。果实金黄色，个头
大，单果重 500～1 500 g，果实光滑靓丽，金黄色带红晕，有"杧
果王子"之称。果核小，果肉无纤维，甜而不腻。成熟季在 6 月下
旬至 7 月上旬。近几年在台湾、广西、海南、云南等地区种植面积
逐年增大。

六、泰国杧

泰国杧原产泰国，又称白花杧，是泰国以前较好的品种，在我
国经常被称为青皮杧、小青皮，多个省份都有栽培。树势中等偏
强，树冠呈椭圆形，分枝多而直立。叶长椭圆披针形，中等大，叶
色较淡。花序抽出早、开花早。果实肾形、扁平，果实的腹肩至果
腹有一条明显的沟槽；单果重 150～250 g，皮薄，成熟时为青黄色
或暗绿色；果肉淡黄，汁多，味浓香甜，品质极佳；可食率
64%～72%，可溶性固形物含量 18%～24%，种核较大而薄，多
胚。果实 6～7 月成熟。泰国杧属品质极优的鲜食品种，但因花期
过早，只宜在春季无低温阴雨的干热河谷种植。正常栽培，该品种
在海南西南部 12 月下旬至翌年 1 月开花，5 月果实成熟。产量中
等，植株易感流胶病，果实后熟期易感蒂腐病。还因皮薄不耐贮
运，且易裂果。

七、椰香杧

椰香杧又名鸡蛋杧，原产印度，在海南省西南部栽培较早结果
和丰产，是海南省最具特色的杧果品种。该品种叶片深绿色，较
小，尖端渐尖，叶缘有波浪，嫩梢、嫩叶淡绿色略带淡紫色。果实

卵形，果较小，成熟后果皮黄绿色，肉质结实、细腻，纤维极少，味甜，有椰乳香气。幼树投产较晚，嫁接树植后 4 年结果，单果重 120～150 g，平均可溶性固形物含量 14.0%，种子单胚，品质极佳。果皮厚，果实抗果实蝇，耐贮运。在光照充足环境下较高产，但该品种丰产不稳产，修剪不及时植株易早衰，易感染白粉病与流胶病。正常栽培海南省西南部 1～2 月开花，5 月下旬至 6 月上中旬成熟。

第二节　壮苗培育

杧果苗木繁殖包括有性繁殖和无性繁殖两种。目前生产上一般都采用无性繁殖，其中芽接、枝接等嫁接方法采用得比较多。

一、培育砧木实生苗

培育砧木实生苗所用的杧果种子应来自同一品种，采自成熟的果实，种子要饱满、无病、无虫。随采随播，播前去壳，并用 0.5%～1%高锰酸钾消毒后备用。播种基质最好用干净的中粗河沙或蛭石，沙床厚度 30 cm。种胚平放，胚芽朝一个方向，紧密排列，行距 15 cm。播后盖 2 cm 厚的河沙或蛭石。后期遮阴保湿。

出苗后及时撤去覆盖物，当苗具有 3～5 片叶时移栽至育苗袋。育苗袋采用长度 30～40 cm 或以上、装土 3 kg 以上的规格。育苗袋的土最好是黏质土，混入足量的腐熟有机肥，以保证根系良好发育。移栽前根据苗的大小进行分级，剔除弱苗。剪去部分主根，留 10 cm 左右，或把主根盘绕起来，以促侧根发生。

砧木苗覆盖遮阳网 1 个月，每天淋水 1 次，至幼苗恢复生长抽芽为止。幼苗成活且抽一次芽后叶面喷 0.5%～1%尿素溶液，以后每次稍施肥 2 次。注意育苗袋内除草。

二、培育嫁接苗

当培育的砧木杧果苗茎粗 1~1.2 cm 时进行嫁接。热带地区除了冬季气温较低不太适合嫁接外，其他时间均可嫁接。生产上多在4~6 月和 9~10 月进行嫁接。嫁接时还要避开炎热的中午及午后。

杧果嫁接多采用枝接或芽片贴接，枝接的生长量较大，出圃快。接穗采自品种纯正、产量高、植株生长健壮的母树上的 1~2 年生枝条，要求芽眼饱满，最好用顶芽。

温馨提示

正在开花、结果或刚收果的枝条及荫蔽的弱枝，不宜作为接穗用。

接穗采后，立即剪去叶片，包扎好，做好标记。接穗要及时嫁接，一般不超过 2 d，如果超过 3 d，必须合理贮存。生产上常将接穗捆好，用湿毛巾包一层，外加塑料薄膜裹住，两头敞开。

1. 芽接法

在砧木主干高 20 cm 左右处，用刀由上而下，划两道平行切口，开宽 1 cm 左右、长 2.5 cm 左右的芽接口。将切口的树皮向下撕开，切除大部分的皮层，只留下一小段。选择与砧木粗细相近的接穗，以芽为中心，削一个比砧木切口略小的芽片，并剥离芽片上的木质部，完成后将芽片放入砧木接口中间位置，紧贴接口，用嫁接膜绑紧。

2. 枝接法

枝接法分为切接法、劈接法和舌接法等。在生产中主要采用切接法。在砧木 30 cm 高处截顶，截口光滑。在截口的一侧，向下垂直切一刀，呈深 1.5 cm 左右的切口。选与砧木切口宽度相近的接穗，切取 3~4 cm 长、具有 1~2 个饱满芽的接穗段，在芽下方

1.5 cm 左右两面斜切，切去 1.2～2 cm 长的皮层，深达木质部。将接穗下端插入砧木切口，至少对齐一边的皮层，用嫁接膜捆绑，不留缝隙。

3. 嫁接后的管理

专用嫁接膜，接后不用解绑，杧果芽可自行穿出。采用其他塑料薄膜包扎，芽接的需要在嫁接后 20～30 d 解绑，枝接的可待芽长出一次梢再解绑。解绑时用嫁接刀割断接口背面的塑料带。嫁接不成活的植株，在砧木上换个位置进行补接。已成活的植株，解绑后 5～7 d，将芽上方 5～6 cm 处的砧木剪顶。每周检查 1 次，及时抹掉砧木上的不定芽，保持湿润，防治害虫。嫁接 1 个月后可以追肥。

接后萌芽的快慢及嫁接苗生长与嫁接高度有直接的关系，一般高部位嫁接比低部位嫁接生长量大。砧木不带叶片嫁接成活率较低，成活后苗木生长也缓慢。

第三节 建 园

一、园地选择

杧果是适应性较广的热带果树，要求年平均温度 21～27 ℃、阳光充足、终年无霜的地区。商品性栽培以海拔 600 m 以下为宜，丘陵种植最好选择向阳的坡面，且果园土壤肥沃，土层深厚，土质疏松，pH 6.5 左右，水源充足，排灌条件良好。

二、果园的开垦、规划及种植穴的准备

平地果园开垦较简单，按一定的面积划分小区，规划好道路和防护林带，根据种植密度定标，挖种植穴。坡地果园，可开梯田或按等高线种植。

种植前 2～3 个月挖好种植穴，种植穴的长、宽、深分别为 1 m×1 m×0.8 m。挖好种植穴后，经暴晒风化，分层相间填回表土与有机物。有机物可用杂草、作物秸秆、蔗渣、树枝叶、绿肥等，每穴 50～100 kg。每 100 kg 有机物加入 0.5～1 kg 生石灰中和土壤的酸性，再加入有机肥 20～50 kg、磷肥 0.5～1 kg 等。回填后，定植穴高于地面 10～15 cm，做成 1 m² 左右的定植盘。

三、品种的选择

杧果品种的选择应根据当地的气候条件、品种特性和市场需求等多因素综合判断，确定主栽品种。热带地区可选择花期较早、结果也较早的品种，如台农 1 号、金煌杧、贵妃杧、泰国杧、吕宋杧等。

四、栽植

（一）栽植时间

热带地区除冬季气温偏低，不宜种植外，其余季节均可种植，生产上多在 6～10 月栽植。杧果树在阴天或雨前定植最好。嫁接苗的枝梢开始生长前或枝梢老熟后进行栽植，有利于成活。

（二）栽植密度

应视品种、地势、气候、土壤等状况而定。土壤肥沃，气候环境利于杧果生长或树冠高大的品种应栽植稀疏。如金煌杧的株行距为 4 m×5 m；台农 1 号的株行距为 3 m×4 m，也可采用宽行窄株种植，即 3 m×5 m。

（三）栽植方法

栽植前检查定植穴，下沉的，填平填满到原来的位置。在定植盘上挖小穴，将苗木放入穴中，回土压实。杧果采用裸根苗定植时，应保持根系舒展；采用袋装苗定植时，除去外包装袋后再放入栽植穴。在定植穴中央栽植，不能踩压根部土团，栽植深度以根颈平土面为宜。杧果苗栽植后立刻浇足定根水，并进行树盘覆盖。后期及时检查成活情况，缺苗补苗，保证果园全苗，提高成林整齐率。

第四节　肥水管理

一、幼树肥水管理

(一) 施肥

幼龄树是指从建园栽苗到结杧果前的一段时期，一般为 2～3 年。幼龄树新梢生长量大，栽培上要从整体上促进营养生长，培养好树形，为早产丰产打下基础。幼龄树施肥以氮、磷肥为主，适当配合钾肥，过磷酸钙、骨粉等磷肥主要作为基肥施用，追肥以氮肥为主。按照"一梢两肥"的原则，少量多次。幼龄杧果树喜湿怕干旱，施肥时以水肥为主。

每株树施肥量逐年递增。栽苗第 1 年有机生物肥 5～7.5 kg，三元复合肥（15-15-15）0.5 kg。第 2 年尿素 0.15～0.2 kg，氯化钾 0.2～0.25 kg，过磷酸钙 0.75 kg，有机生物肥 7.5～10 kg。第 3 年尿素 0.5 kg，氯化钾 0.4 kg，过磷酸钙 1 kg，有机生物肥 10 kg。

(二) 灌水

栽苗后，保持土壤湿润，直至成活。后期视天气及土壤情况进行浇水，雨季及时排水。幼龄树新梢生长期需水量大，结合施肥勤浇水。

二、结果树肥水管理

(一) 施肥

结果树的施肥种类以氮、钾肥为主，钾肥的用量不少于氮肥，并配合磷、钙、镁肥。有机肥挖深沟埋施，化肥挖浅沟撒施或随水冲施。根据物候期，一般按照"两头重，中间补"的施肥原则，年施 4 次肥，即采果前后肥、促花肥、壮花肥、壮果肥。

1. 采果前后肥

采果前，在杧果树冠滴水线对称两侧挖长 1～1.5 m、宽 40～50 cm、深 40～50 cm 的施肥沟。采果后每株树先施尿素 0.5～1 kg，盖少量土，再施有机肥 20～50 kg、钙镁磷肥 0.5～1 kg。结果过多或长势弱的树，后期还要叶面喷 0.5%尿素、0.2%硝酸钾（或磷酸二氢钾）和 0.3%过磷酸钙（或氯化钙）浸出液，促进果树抽梢。

2. 促花肥

花芽萌动前施用。每株树施草木灰或硫酸钾 0.5～1 kg、尿素 0.3～0.6 kg，或三元复合肥（15-15-15）1～1.5 kg。

3. 壮花肥

开花期施用。根据花量多少，每株树兑水施尿素 0.5～1 kg 或结合喷药加入 1%尿素或硝酸钾进行根外追肥。

4. 壮果肥

果实膨大期分两次施用。第 1 次在花谢后 30 d 左右、果实小手指头大小时施用；第 2 次在采果前 1 个月左右施用。每次每株树施尿素 0.25～0.5 kg、硫酸钾或氯化钾 0.5～1 kg。结果少的树可以仅施钾肥。该时期，果树对于矿质元素的需求量比较大，适当补充硼、镁、钼等中微量元素，可以促进果粉的形成。

（二）灌水

根据杧果结果树一年中的生长变化，水分管理措施为：抽穗前 2 个月抑制水分，促发芽分化。开始抽穗后到开花前不能干旱，要及时浇水，利于抽穗和开花。开花期尽量不浇水。幼果生长期，特别是果实膨大期，要均匀灌水，一般 7～10 d 灌水 1 次，减少落果，利于结大果。切忌久旱猛灌，因会引起裂果。果实成熟期或采果前 20 d，停止浇水。采果后，适当浇水有利于抽生秋梢。

第五节 整形修剪

一、幼龄树的整形修剪

生产上要对杧果幼龄树进行合理修剪，培养丰产型树冠。幼龄树栽植成活后开始整形，在整个生长季节均可进行。工作重心是培养骨干枝，尽量增加分枝级数，控制徒长枝，修剪位置不适的枝条。一般采取牵引、拉枝、短截、摘心等方法调校位置和角度不适宜及生长势较悬殊的骨干枝。及时清除徒长枝、交叉枝、重叠枝、弱枝和病虫枝。

1. 定干

杧果苗高 60～80 cm 时摘心或短截，促进主干分枝。主干分枝性强的品种定干，高度可以适当降低；主干分枝性弱、枝条下垂的品种定干，高度可适当增高。

2. 培养主枝

主干抽发侧枝后，选留 3～5 条位置适中、长势接近的分枝作为主枝，其余的芽全部抹除。通过拉枝、压枝或弯枝等操作抑强扶弱，调整各主枝角度，使其均匀分布，主枝与树干夹角保持 50°～70°。

3. 培养副主枝

当主枝长至 30～50 cm 时摘心，促进第 2 次分枝，每主枝留 2～3 条分枝作为一级副主枝。按照这个操作，在定植后 2～3 年内培养 50～60 条生长健壮、位置适宜的末级枝梢，形成矮生、光照良好的树冠，为早结果打好基础。

幼龄树还要检查并及时抹除砧木的上萌芽，发现新抽出的花穗及时摘除。

二、结果树的修剪

结果树的修剪，一般在采果后进行，以短剪和疏删为主。修剪时除去过密、过多的主枝，调整骨干枝的部位和数量，再剪除郁闭枝、多余枝、错乱枝、下垂枝、重叠枝、交叉枝、病虫枝、干枯枝等。回缩树冠间的交接枝，保持一定的株行距。密植园在采果后间伐。最后短截结果枝。创造通风良好的树冠，为丰产创造条件。

剪下的枝叶及时清扫干净，最好运出果园，集中喷药处理或深埋。清园后要进行病虫害的预防。全园喷洒石硫合剂或波尔多液。喷洒时要注意树叶的正反面、树干、地面都要喷洒到位，不留死角。

> 杧果结果树的修剪原则：上重下轻，内重外轻；内膛亮而不空荡，表面齐而有层次。

结果树修剪前后，重施肥料，除了充足的有机肥外，还要施入高氮复合肥，确保迅速恢复树势，积累养分进行花芽分化，为来年生产打下基础。待新梢长出后，弱树选留 2～3 条壮梢作为结果母枝，强树留 1～2 条位置适当、中等生长势的枝条，培养成新的结果枝，抹除其余的新梢。

结果树在每年花芽分化前，也要进行一次轻修剪。从树的基部疏除部分过密枝、阴弱枝和病虫枝，增加树冠的通风透光性，促进枝条的花芽分化。

第六节　花果管理

一、控梢技术

（一）控梢时间

热带地区的气候条件比较适合杧果的生长，多数地区在 8～10

月进行控梢，3～5月成熟。部分地区可以在5～6月进行控梢，争取早结果，在春节前后采摘。但是控梢效果受天气影响较大，雨季控梢难度大，有一定的风险。

杧果树第二蓬梢叶转绿老熟后开始控梢；树势较差需要养树的可在第三蓬梢叶转绿后进行。控梢后，如果气温较高或水分较多，植株可能还会萌发新梢。必须继续喷药控梢。枝梢完全被控制后，才能进行催花。

（二）控梢方法

1. 土埋多效唑

根部施用多效唑其作用是通过抑制根系生长，使根系分泌的生长素、赤霉素等激素含量减少，通过茎干输导组织流向叶片和芽尖生长点，从而抑制末级梢的营养生长和抽梢，使叶片光合作用积累的碳水化合物贮存在叶片中。土埋多效唑控梢效果好，是目前热带地区杧果种植区控梢的主要方法。按杧果树冠的大小，将15%多效唑20～50 g/株兑水，浇在滴水线内深15～20 cm的环沟中，覆土，药效持续时间长。

2. 叶面喷多效唑

叶面控梢是土埋多效唑控梢的辅助措施，通过阶段性喷施多效唑，防止生长点出芽冲梢。叶面喷15%多效唑300倍液，7～10 d喷1次。多效唑的浓度受天气影响较大，雨水多的天气，控梢次数要适当增加。后期增加乙烯利加速叶片老化。多效唑使用过量会过度抑制杧果生长，导致开花迟、花序短等问题。乙烯利浓度过高，会造成落叶。生产上多使用复合型控梢促花剂，比较安全有效。

3. 冒梢处理

杧果在控梢期由于控梢不及时、控梢力度不够或环境影响，树体提前结束休眠状态并抽出新梢，称为冒梢。新抽的枝梢会打破生殖生长，影响后期的催花，造成开花不整齐，需要及时处理。可用

15％多效唑 300 倍液每 15 kg 加 40％乙烯利 8～10 mL，均匀喷湿叶片正反面防止冒梢，一般喷 2～3 次，3～7 d 喷 1 次。

对于已经抽新梢的杧果树，生产上，先用杀梢药进行杀梢，新叶脱落以后再进行人工掰梢。杀梢药的浓度：40％乙烯利 800 倍液、15％多效唑 400 倍液、98％甲哌鎓 2 400 倍液，混合均匀后喷洒新梢。杀梢后，叶片枯黄、卷曲，叶柄发黑坏死，叶片轻碰就会脱落。叶片掉落的枝条就成了光头枝。根据光头枝的长度及叶片着生位置，判断是否掰梢。

掰梢依据：光头枝长 3 cm 以上，没有着生成熟叶片，枝条要掰掉；光头枝长 3 cm 以上，着生成熟叶片的，不需处理，作为一蓬梢；光头枝长 3 cm 以下，萌发新叶的，去掉叶片，不需要掰掉枝条；光头枝长 3 cm 以下，没有萌发新叶的，无须处理。

二、催花技术

催花并非杧果开花的必要步骤，只是控梢的延续和补充，采取一些措施促进杧果花芽的萌动和抽生，帮助杧果出花整齐，便于后期管理。生产中如控梢得当，催花则水到渠成甚至无须催花。

（一）催花时间

杧果植株积累了丰富的营养物质后，要适时催花，催花不宜过早，也不宜过迟，以杧果开花后不遭受严重的气象灾害影响为宜。杧果抽出的第二次梢充分老熟后，温度适宜，天气干燥时，进行催花。热带地区催花时间一般在 9～10 月，雨季即将结束时催花，杧果产量较高。部分产区 8～9 月催花，春节前后可以采摘。

（二）判断标准

观察杧果叶片，当叶色浓绿，叶片脆老，手摇叶蓬有沙沙声，控梢 80～90 d 后，见到生长点萌动、顶芽饱满，出现裂纹流淡白汁时，可以开始催花。

（三）催花次数

一般会催花两次，最多不超过 3 次，如果催花达到 3 次还没能成功，只能重新控梢再催花。第 1 次催花与第 2 次催花之间间隔 2 个晚上，第 3 次催花与第 2 次催花之间间隔 3 个晚上。一般台农 1 号催花 3 d 后就能看到花芽萌动；贵妃杧、金煌杧催花 7 d 后花芽才萌动。

（四）催花方法

1. 物理催花

杧果的物理催花通常采用断根、环割、环剥、扭枝、弯枝等方法控制枝梢生长，调节营养生长与生殖生长的关系，促进花芽分化。物理催花要依树势而定，树势壮旺、管理水平高、土壤肥力高的可采取这些措施。

环割是物理催花中最为有效的方法。环割和环剥能中断有机物的上下运输，能暂时增加环割和环剥以上部位碳水化合物的积累，并且使生长素含量下降，促进生殖生长。同时也阻断了矿质元素的运输，抑制根系的生长。环割和环剥的时间一般在开花前或开花中后期进行，开花前起催花作用。

矿物营养对花芽分化也有重要作用。氮是花芽分化必需元素，缺氮花芽分化率降低且畸形花比例上升，氮过多造成营养生长过旺，抑制成花。增施磷肥，可促进成花。钾是多种酶促反应的活化剂。催花时，根外追施铜、钙、镁、锌、硼、钼等元素也有利于花芽分化。

同时使用物理催花中的几种进行杧果催花，可以有效打破杧果顶芽休眠，加快细胞分裂，催花时间短，出花整齐，花秆红壮。

2. 化学催花

杧果化学催花，即采用化学药剂进行叶面喷施，使杧果提早完成生理分化和形态分化的过程。通常在天气晴朗但气温较低，该抽穗而未抽时采用化学催花。常用的化学药剂包括硝酸钾、硝酸钙、硝酸铵钙、磷钾肥、硼肥、氨基酸（腐殖酸、海藻酸）叶面肥、细胞分裂素、萘乙酸等多种物质。第 2 次催花药剂用量视情况而定，如果第 1 次催花后 3 d，芽苞没有萌动，或第 1 次催花后不久遇大雨，第 2 次催花的药剂可以与第 1 次催花药剂用量相同。若第 1 次催花 3 d 后，芽苞开始萌动，第 2 次催花的药剂用量要减半，第 3 次催花所用药剂浓度减至 1/3。药剂浓度因天气和杧果品种不同而不同，可以小范围试验，避免因高剂量化学物质刺激而导致催花失败。

（1）用硝酸钾或硝酸铵钙或硝酸钙催花。杧果花芽分化和成花主要依靠硝酸根的刺激作用，硝酸钾、硝酸铵钙、硝酸钙三种化学物质选择一种即可，生产上为了提高催花成功率，也可以选择 1～2 种混用。催花用药含硝酸根化学物质，第 1 次催花用 30～50 倍液。

温馨提示

高浓度的硝酸盐液体持续使用，会导致叶片干尖，严重的单张叶片 1/3 的面积干枯，对已经萌动的花芽也会造成伤害。不建议持续用最高浓度催花。

（2）用细胞分裂素和萘乙酸催花。使用 2% 细胞分裂素 750～1 000 倍液，或 5% 萘乙酸 5 000 倍液。

（3）用叶面肥催花。高磷高钾叶面肥在杧果催花时常用，主要是磷酸二氢钾，有粉剂和液体两种形态。高磷物质可以促进杧果枝条生长点生殖生长和花芽分化，一般用 1 000～1 500 倍液。催旱花，要补充有机质和中微量元素，用 750～2 000 倍液。有机质营养能够为开花补充能量，使出花整齐、有力，花秆红润，花粉粒饱满；化学元素类叶面肥主要促进花器官的正常发育，如硼肥可以促进花粉管的萌发伸长和授粉受精。

（五）冲梢

杧果花序抽生后，如果遇上连续高温的天气，花上的小叶不会自然脱落，而是迅速生长，形成冲梢，俗称"花带叶"。如果小叶呈白色且弯曲，随着气温降低和小花的发育，小叶会自然脱落。如果小叶呈紫红色应人工摘除，仅留小花。杧果花序较多，且处于树冠周围，人工摘除操作不便，费工费时。冲梢后还可以通过喷施乙烯利有效去除小叶，促进花序的生长。40%乙烯利 8～12 mL 兑水 15 kg，每隔 5 d 左右喷施一次，连续喷施 2 次。气温低用量少些；气温高用量可多些。

温馨提示

乙烯利不可以喷到叶背面，以免造成大量落叶，建议在小范围内进行浓度试验后，再全园喷施。

冲梢后，如果花芽分化较好，小叶不影响花的生长，后期在花枝生长时，可自然脱落。但部分花枝出现"叶子大，花点小"现象，即花枝上叶片大、花芽小。这类冲梢，可用 40%乙烯利 1 500 倍液，配合不含氮、低钾、高磷的叶面肥 500 倍液，对新叶喷雾，可使大部分小叶脱落，利于花芽分化。在未处理这些新叶之前，避免施用含氮、氨基酸或腐殖酸类的叶面肥，防止叶子长大，后期难处理。

三、保果技术

（一）摘除早花法

杧果开花的特性是顶芽和侧芽都可以抽生花序。顶芽花序的存在，抑制侧芽花序的分化和萌发，在适宜的温湿度条件下去除顶芽花序，同一枝条上的侧芽可以抽生出花序。摘除杧果早生花序，促使侧芽花序重新抽出，可以实现推迟、延长花期的目的。

生产上可结合疏花，剪去花序基部 1/3 左右的侧花枝，适当延迟花期。在花序长度超过 6 cm、花蕾还未打开前进行修剪。及时修剪，可以延迟花期，确保开花质量。若修剪太早，延迟开花效果一般不明显；修剪太晚，严重消耗树体营养，影响后期开花质量。

摘除整个花序，花期延后天数增加，不同的摘除方式，延后的天数不同。①留一节摘除法：从花序基部往上，在花轴 1～2 cm 处将花序截去，将保留的 1～2 cm 花轴上的小穗抹去，花期延后 7～10 d。②一摘到底摘除法：从花序基部将整个花序截去，花芽要从基部重新分化，花期延后 15～20 d。③连花带叶摘除法：在密节芽基部带几片叶一起剪掉，花期延后 25 d 以上。

（二）促进授粉

杧果主要靠蜜蜂、苍蝇及食蚜蝇传粉。蝇类的传粉活动在 5:00～20:00 进行，其中 10:00～12:00 是苍蝇传粉活动的高峰，这个时间段尽量不打药。

蝇类少的果园，杧果开花前期，还要通过堆放蔗渣、人畜粪便等繁殖苍蝇，也可以在园内吊挂装有禽畜内脏或死鱼烂肉的开口塑料袋，引蝇入园。在杧果谢花后，结合坐果期的病虫害防治，全园进行苍蝇杀除。

（三）疏花

疏花因品种、树势、树龄和气候环境的不同而操作方式有所不同。树势弱、花枝多的品种，宜多疏，反之则少疏；树顶部多疏，中部少疏，有利于通风透光和发枝；树势好的树少疏，老年树、幼树、畸形树多疏，留下优势花枝。

开花过多的果树，每株树保留 70% 末级枝梢着生的花序，即留下中等长度、花期相近、健壮的花序，其余花序从基部全部除去。有些杧果品种的花序过大过长，过多消耗养分，要剪去 1/3～1/2 的花序。有些杧果花枝茂密，容易沤花，滋生病菌，要视开花整齐度，剪去花序基部发育早的 1/3～1/2 的侧花枝，或将中间花枝去除，留 2～3 枝优势花枝。在花序上摘除部分花枝，改善通风条件，防止沤花。

（四）摇花

杧果开花期每隔 2～3 d 摇一遍果树，将已经枯萎的花瓣抖落，可以有效减少蓟马危害，还能减少雨水、露水在花序上积聚而引起的黑花、沤花现象。潮湿环境，积聚的花瓣还容易导致后期果实发生炭疽病等。经常摇花，可有效预防后期病虫害。

生产上除了人工摇花，近几年还利用水管，在杧果谢花后、果实大豆粒大小时，进行洗花。水中加入杀菌剂，去除花渣的同时，还可以使果实受药均匀、提高药效，省时省力。

（五）疏果

杧果坐果后有两次正常生理落果高峰期。第 1 次生理落果高峰期在谢花后 1～2 周，因为授粉不良，后期发育受到抑制而引起落果。属自然现象，常有"一树花，半树果"之说。第 2 次生理落果高峰期在谢花 1～2 个月后，这时掉落的一般是养分供应不足的果实和畸形果。如果养分充足，第 2 次落果会有所改善。

经历了正常的生理落果后，如果每个花穗上坐果比较多，还要进行疏果。疏果可以为杧果的生长创造合理的生长空间，减少果皮的相互摩擦，避免伤口形成，减少病虫害发生。疏果一般进行 2～3 次，幼果 3 cm 长时开始进行，将发育不正常的、细小的、过多过密的果摘掉，果实迅速膨大前完成疏果。每穗留 2～3 个正常果，金煌杧等大果型品种每穗只留 1 个果。强枝、强穗多留果，树冠下部、内膛和壮旺枝多留果。疏果可以增加杧果的单果重，提高果实的外观品质。

（六）剪除无果的果穗

杧果完成生理落果后，果穗上留下来的果梗很难自然脱落，风吹会刮伤果面，影响杧果品质，因此需要剪除。可在疏果的同时剪除无果果穗。

（七）吊果或撑杆

杧果进入膨大期后，由于果实的重力作用，整个果穗及部分枝条都处于下垂状态。矮化种植的杧果，果实几乎蹭到地面。为防止病菌侵染以及穗与穗、果与果、果与地面之间相互碰撞摩擦等，需要用绳子吊起或用竹竿支撑，将果穗拉开适当距离，并使果实离开地面 50 cm 左右。

（八）果实套袋

1. 套袋时间

杧果谢花后 35～45 d、鸡蛋大小时进行套袋。果实太小，不确定果实的形状是否端正，或因生理落果而影响套袋的成功率时，不适合套袋。而且套袋过早，因果柄幼嫩易受损伤，影响以后果实的生长。套袋过晚，果实大增加了套袋的难度，易将果实套落，还达不到预期的效果。套袋应选在晴天进行。

2. 套袋前喷药

套袋前用 1∶1∶100 的波尔多液或其他杀菌剂喷施，果面干后套袋。当天喷药当天套完。

3. 套袋方法

杧果袋有外黄内黑或外黄内红等双层专用袋。套袋时先将纸袋撑开，用手将底部打一下，使袋膨胀，然后捏着果柄，将幼果套入袋内，袋口从两边向中间折叠，弯折封口铁丝，将袋口绑紧于果柄的上部，使果实在袋内悬空，防止袋纸贴近果皮造成摩伤或日灼。

4. 套袋后的管理

为增加果面着色，收获前 10 d 左右除袋。

第七节　病虫害防治

一、主要病害

（一）炭疽病

1. 症状

杧果感染炭疽病后，嫩叶弯曲，叶尖和边缘焦枯；嫩枝出现黑褐色病斑；花穗变黑；幼果变黑、脱落；长大的果在软熟阶段，果皮外部出现近圆形黑色小斑点，病斑扩大后呈不规则的黑色凹陷大斑块，最后腐烂。

2. 防治方法

（1）选种抗病品种。

（2）冬季清园，将病枝、病叶剪除集中喷药消毒后粉碎沤肥，全园喷 1 次 2 波美度的石硫合剂。

（3）选用甲基硫菌灵、苯甲吡唑酯、咪鲜胺、吡唑醚菌酯、代森锰锌、硫菌灵、苯甲嘧菌酯、肟菌·戊唑醇、苯醚甲环唑、丙环嘧菌酯、戊唑醇等药剂，每 10～15 d 喷施 1 次。

（二）白粉病

1. 症状

感病部位出现分散的白色小圆斑，斑块逐渐扩大，叶面形成一层白色粉状物。花感病后，停止开放，并脱落，整个花序变黑。幼果感病后，布满白粉，脱落。

2. 防治方法

可选百菌清、甲基硫菌灵、己唑醇、苯甲·醚菌酯、苯醚甲环唑、三唑酮等药剂，每 7～10 d 喷施 1 次，连喷 2～3 次。盛花期忌用含硫药剂。

（三）细菌性黑斑病

1. 症状

嫩叶感病后，出现水渍状小点，后扩大成多角形病斑，周围有黄晕。嫩茎感病后，变黑、皮开裂、流胶。果实感病后，出现水渍状小斑点、流胶，后扩大成不规则黑褐色病斑，有小粒状突起，边缘有黄晕。病害严重时，引起大量落叶和落果。

2. 防治方法

（1）搞好果园卫生。

（2）清除病叶病果，刮除茎部树胶及烂部，涂以 1∶1∶10 的波尔多液保护。

（3）台风后全树喷 2∶2∶100 的波尔多液。

（四）枝干流胶病

1. 症状

感病的骨干枝及小枝上的皮层变成褐色或黑色，流出树胶，在渗胶处形成坏死性溃疡，树皮破损，枝条枯萎。软熟果上病斑呈灰褐色，果肉淡黑褐色，腐烂面积比外部果皮病斑面积大一倍多。幼苗多在芽接口和伤口处感病，组织坏死，造成接穗死亡。

2. 防治方法

（1）苗圃。保持苗圃地通风干燥，嫁接苗芽接部位干燥。用70％甲基硫菌灵 1 000 倍液喷雾两次。

（2）果园。树干涂白；定期喷 1‰石灰倍量式波尔多液，或30％王铜悬浮剂 600 倍液；清除感病枝梢，带出果园集中处理；彻底刮除病斑并涂抹 10％波尔多液。

（五）煤烟病

1. 症状

叶片感病后，表面覆盖黑色绒毛状物。症状严重时，全叶被黑色菌丝覆盖。病菌主要在病组织表面腐生，不深入组织内部，容易被刷掉。

2. 防治方法

本病的发生与介壳虫、叶蝉和蚜虫等害虫的危害有关，防治蚜虫、介壳虫等是预防煤烟病发生的最好方法。在使用杀虫剂灭蚜、杀介壳虫的同时，可加入高锰酸钾 1 000 倍液喷洒预防。病害初发期，可用 0.3 波美度石硫合剂、0.6％石灰半量式波尔多液防治。

（六）疮痂病

1. 症状

嫩叶感病发生扭曲、畸形，老叶感病叶背产生黑色小凸起，中央裂开，严重时落叶。茎部病斑呈灰色，果实病斑呈黑色，病斑不规则。病斑逐渐扩大，中央木栓化，并开裂。

2. 防治方法

发病初期喷 1‰波尔多液或 30％王铜悬浮剂 600 倍液。

（七）露水斑

1. 症状

该病多在果实采收期果实表面表现出感病症状。发病初期在果皮表面出现水渍状花斑，病斑大小无规律、形状不规则。田间湿度高时病斑上常伴有墨绿色霉层，严重时整个果面布满黑色至深褐色污斑。该病对杧果肉质影响不大，但影响果实的外观品质。

2. 防治方法

果实发育期，连续叶面喷施有机螯合钙 1 000～1 500 倍液，3～5 次，可使果实蜡粉形成早、果粉厚，露水斑明显减少或不发病。因此果实膨大期，叶面补充中、微量元素，可以避免果实过度膨大、果实细胞壁变薄而出现水烂、空心、海绵组织病等生理性病害。还要定期喷施保护性杀菌剂，防止病菌侵染。

二、主要虫害

（一）蓟马

1. 危害特点

蓟马主要危害幼嫩组织，受害部位形成疙瘩状突起，触感粗糙。高温干旱条件下易暴发。

2. 防治方法

（1）杧果抽新梢和谢花后，在杧果树冠的中上外侧悬挂黄、蓝板诱捕蓟马，每株树 1 片。

（2）可选择吡虫啉、噻虫嗪、噻虫胺、阿维菌素、高效氯氟氰菊酯、烯啶虫胺、氟啶虫胺腈、螺虫乙酯、吡丙醚等药剂喷雾防治。

(二) 尺蠖

1. 危害特点

尺蠖幼虫主要取食杧果的嫩芽、嫩叶以及花蕾。

2. 防治方法

（1）在树干基部绑 15～20 cm 的塑料薄膜带，将下端用土压实，并用黄油、机油、菊酯类药剂按照 10：5：1 的比例混合制成粘虫剂。然后将其涂抹在薄膜带上缘，可以阻止雌成虫和幼虫爬行上树。部分地区将杧果树干进行涂白，也能防止尺蠖幼虫的危害。

（2）可选择灭幼脲、虫酰肼、甲氨基阿维菌素苯甲酸盐、除虫脲等药剂，喷洒1～2次。

(三) 横纹尾夜蛾

1. 危害特点

幼虫危害嫩梢、花穗、果梢，使其中空，以致干枯凋萎。

2. 防治方法

（1）剪除枯梢、枯枝并集中喷药消毒后粉碎沤肥，或清理出果园。

（2）在新梢或花芽萌动时喷药，每隔 10 d 喷 1 次，连续 3～4 次，直至花穗抽出 20 cm。药剂可选用敌百虫、敌敌畏、西维因、敌杀死、速灭杀丁、高效氯氰菊酯、毒死蜱、噻虫嗪、吡虫啉等。

(四) 切叶象甲

1. 危害特点

以成虫啃食嫩叶危害为主。切叶象甲将嫩叶咬成圆形的斑块，食尽叶肉，只留下单面透明的表皮，不伤害叶脉，斑块连成片，导致叶片卷缩干枯。雌成虫产卵于叶主脉，并将叶片近基部整齐横向切割，造成大量落叶。严重影响杧果树的生长，特别是对幼树影响较大。雨季危害严重。

2. 防治方法

可选择丙溴磷、马拉硫磷、毒死蜱、氯氰菊酯、甲氨基阿维菌素苯甲酸盐、敌百虫、溴氰菊酯、高效氯氰菊酯＋灭多威等药剂喷洒。

（五）叶蝉类

1. 危害特点

叶蝉类包含扁喙叶蝉、短头叶蝉等，成、若虫危害杧果嫩梢、幼叶和花穗，使嫩梢、花序枯萎，幼果脱落。叶蝉类分泌蜜露，诱发煤烟病。

2. 防治方法

可选用阿维菌素、噻虫嗪、毒死蜱、吡虫啉、啶虫脒、丁硫克百威、阿维·甲维盐等药剂喷洒防治。

（六）叶瘿蚊

1. 危害特点

幼虫咬破嫩叶表皮钻食叶肉，甚至危害嫩梢、叶柄和主脉。被害处呈白点，后变为褐色而穿孔破裂。严重时，叶片卷曲，枯萎脱落。

2. 防治方法

新梢抽出 3～5 cm、嫩叶展开前后喷药保护，阻止成虫产卵，杀死初孵幼虫。每隔 7～10 d 喷 1 次药，连喷 2～3 次。药剂可以选择阿维菌素、啶虫脒、吡虫啉、螺虫乙酯、联苯·虫螨腈、高效氯氰菊酯、溴氰菊酯等，雨后重点防治。

第八节 采 收

一、成熟度判断

杧果要适时采收，过早采收，果实风味淡，极易失水，使果皮皱缩；过迟采收，果实易自然脱落，后熟加快，不耐贮运。

（一）根据果实生长发育时间

正常的气候条件和田间管理，台农 1 号、贵妃杧等早熟品种在谢花后 90～120 d 可采收；金煌杧等中熟品种在谢花后 110～120 d

可采收；澳杧等晚熟品种在谢花后 120～150 d 可采收。

（二）根据果实外观

当果实达到原品种大小，果肩浑圆，果蒂凹陷，果皮颜色变浅、光滑有果粉，果点或花纹明显时，基本成熟。

（三）根据杧果比重

成熟的杧果放入净水中会呈现下沉或半下沉，远距离销售的杧果在净水中须达到 20%～30% 果实下沉，近距离销售的杧果在净水中须达到 50%～60% 果实下沉。

（四）根据果肉性状

切开果实，种壳变硬，果肉由白变黄，果实基本成熟。

二、采摘技术

果实采摘以晴天上午为宜。台风季节，尽量在台风前抢收，雨天和风雨过后 2 d 内不宜采收，否则，果实流胶严重，不耐贮藏。

采摘时，工人应戴手套，采用一果两剪的方法，第一剪留果柄长约 5 cm，第二剪留果柄长约 0.5 cm。尽量避免机械损伤，以减少后熟期果实腐烂。果实放置时剪口向下，每放一层果实垫一层吸水纸，避免乳汁相互污染果面。

果实采后要及时运往包装处理场所，避免高温和在日光下存放。被胶液污染的果实，要及时用洗涤剂清洗，不然果实上有胶液流过的地方很快变黑腐烂，影响果实的外观品质和贮藏寿命。

第四章 龙 眼

龙眼，又称桂圆，原产中国南方及越南北部，是重要的热带果树之一。龙眼树高大，管理粗放，成本投入低，产量高。中国的龙眼栽培面积最大，其次是泰国、越南、老挝等国家。中国龙眼的主产区为广西、福建、广东、台湾、海南等地。

第一节 品种介绍

龙眼为无患子科龙眼属植物，中国热带地区龙眼栽培品种除原变种外，还有3个变种。即：①龙眼原变种；②大叶龙眼；③钝叶龙眼；④长叶柄龙眼。野生龙眼及其变种的发现，对龙眼起源、分类的研究有重要价值。我国龙眼种质资源丰富，栽培品种多，据不完全统计，约有200个品种、品系、株系。主要品种有石硖龙眼、储良龙眼、大广眼龙眼、松风本龙眼、古山二号龙眼、灵龙龙眼、立冬本龙眼等。

一、石硖龙眼

石硖龙眼，果实近圆形或扁圆形，果肩稍突起，均匀性差，单果重7.0～10.0 g；果皮黄褐色或黄褐色带绿色，较厚，表面较粗糙；果肉乳白色或淡黄白色，不透明，肉厚，表面不流汁，易离核，肉质爽脆，化渣，味浓甜带蜜味，有香气，可食率65.0%～71.0%，可溶性固形物含量21.0%～26.0%；种核较小，扁圆形，红褐色,重1.3g。石硤龙眼树姿开张,枝条分布较紧凑;小叶较厚,长椭圆形,叶缘波浪状扭曲;大小年现象不明显。

二、储良龙眼

储良龙眼的果实扁圆形,果肩稍突起,大小均匀,单果重12.0g,果皮黄褐色带绿色,表面平滑;果肉乳白色,不透明,肉厚表面不流汁,易离核,肉质爽脆,化渣,味清甜,可食率74.0%,可溶性固形物含量20.0%~22.0%;种子较小,扁圆形,黑色,重1.8g。储良龙眼树姿开张,树皮粗糙,分枝能力强;小叶披针形或长椭圆形,叶面平整,无波浪状扭曲;丰产性能好。

三、大广眼龙眼

大广眼为粤西广泛栽培的品种之一,鲜销加工兼用。树冠圆球形,叶绿色,长椭圆形或阔披针形,小叶常4对,先端渐尖,果穗大,着果较密。果实扁圆形,果大,大小不均匀,单果重12~14g。果皮黄褐色,龟状纹不明显,瘤状突起平。果肉蜡白色,半透明,易离核,肉质爽脆带韧,汁量中等,味甜或淡甜,品质中等。可食率63.2%~73.6%,可溶性固形物含量18.6%~23.9%。种子乌黑或红褐、棕褐色,扁圆形。

四、松风本龙眼

松风本龙眼原产于福建省莆田市黄石镇。树冠半圆形,树势中庸;叶色浓绿,侧脉明显,叶片狭窄,叶面平展,叶尖钝。果穗大而果粒排列紧凑;果实近圆球形,单果重12~14g;果皮黄褐色,龟裂纹不明显,瘤状突起稍明显;果肉乳白色,半透明,质地脆,不流汁,味浓甜,稍离核;可食率65%~68%,可溶性固形物含量22%~24%。在莆田果实成熟期9月下旬至10月上中旬,丰产稳产,耐贮运,是晚熟优良品种。

五、古山二号龙眼

古山二号龙眼原产广东省揭东县。树势强壮，树冠半圆头形，枝条开张，分枝密度中等。叶片浓绿色，长椭圆形，叶缘呈波浪状扭曲。果实略大偏圆，果肩略歪，单果重 12～14 g；果皮黄褐色，较薄；果肉蜡黄色，肉质爽脆，易离核，味清甜；可食率 70.8%，可溶性固形物含量 18%～20%，含糖量 17.4%，含酸量 0.06%，每 100 g 果肉含维生素 C 85.7 mg。种子较小，黑褐色。果实成熟期比石硖约早 7 d，在广东东部成熟期为 8 月初，是早熟优质鲜食品种。

六、灵龙龙眼

灵龙龙眼原产于广西壮族自治区灵山县，广西为主产区。果实圆球形微扁，单果重 12.5～18.0 g；果皮黄褐色，果粉较多，龟裂纹和瘤状突起不明显，放射状纹较多；果肉乳白色，不透明，稍离核，肉质爽脆，汁多味甜；可食率 66.0%～70.8%，可溶性固形物含量 20.2%～21.2%。种子棕黑色，近圆球形。该品种早结、丰产、迟熟，品质优。

七、立冬本龙眼

立冬本龙眼原产于福建省莆田市。果实近圆球形，果顶浑圆，果肩平或微耸，果较大，单果重 12.5～14.0 g；果皮灰褐色带青色，龟裂纹明显，瘤状突起不明显；果肉乳白色，半透明，易流汁，味清甜；可食率 65.6%，可溶性固形物含量 20%～22.5%。种子棕黑色，种脐小。丰产稳产，是晚熟良种。

第二节　壮苗培育

龙眼育苗多采用高空压条和嫁接育苗。高空压条是大龄果园补苗时常用的育苗方法，其优点是能保持良种特性，定植后投产早；但繁殖系数低，定植后成活率低，苗木不整齐。嫁接育苗，繁殖系数高，实生砧木具有完整根系，生活力强，成活率较高，苗木整齐。新建果园广泛使用嫁接育苗的繁殖方法。

一、嫁接苗

（一）砧木苗培育

选作砧木的龙眼，要求品种纯正、生长迅速、木质疏松、抗鬼帚病，且种子较大。种子随采随播。福眼是较理想的品种。其优点是与接穗的亲和力较强，嫁接成活率高；且种源丰富，苗木生长既快又壮；木质疏松，便于操作；嫁接苗定植后，生长健壮，抗逆性较强，产量高，品质佳。

1. 种子的采集及处理

龙眼种子极易丧失发芽能力，取种后应立即用清水漂洗，剔除果壳等杂物和种脐上的果肉，然后立即播种。若种子来自罐头厂，可先混少量细沙摩擦（亦可脚踏摩擦）除去附着的果肉，漂洗、过筛去劣后，按 1∶（2～3）的比例将种子与沙混合，堆积催芽，堆积高度以 20～40 cm 为宜，保持细沙含水量约 5%，含水量太高易引起发霉、烂芽。催芽温度以 25 ℃左右为宜，30 ℃以上发芽率大大降低，33 ℃以上则丧失发芽力。当胚根长出 0.5～1.0 cm 时即可播种。采用细沙催芽，发芽率可达 95%，不催芽的发芽率仅 60%～75%。

如果采种后未能马上播种，可用含水量 1%～2% 的沙混合，置于阴凉的地方贮藏，但最多只能保存 15～20 d。新鲜的种子切忌堆闷、暴晒，否则种子失水，种胚败坏，发芽率降低。

龙眼采用浸水催芽的方法，发芽率高且发芽整齐，其做法是将洗净的种子直接装在袋中，在水中漂洗 36 h 左右，待大多数种子脐部裂口露白后播种。

2. 播种

龙眼种子剥离果肉后即可播种。播种的方式有撒播和宽幅条播。一般多用宽幅条播，其做法是在宽 80～100 cm 的苗床上开出底宽约 15 cm 的播种条沟，条沟之间相隔 20 cm 用于耕作。采用撒播时，其做法是将畦整平后播上种子，保持粒距 8 cm×10 cm，每667 m² 播种量 115～125 kg，种子较小粒者播 100 kg；播后用粗原木滚压，将种子压入土中；然后每 667 m² 用 3 000 kg 沙土覆盖，以看不见种子为宜；最后再盖一层稻草，浇水。

3. 播种后管理

当龙眼种子萌发，并有 1/3 幼苗出土时，即可抽去一半的稻草；当幼苗长出八成时，可抽去全部稻草，以避免苗木主干生长受阻。当幼苗长出 3～4 片真叶时浇施稀薄的水肥，每月 2 次；至 11月下旬停止施肥，以避免抽冬梢，引致冷害；到翌年 1 月下旬至 2月上旬再施肥，以促进春梢抽生。

苗圃内龙眼小苗长势强弱明显，需要进行分批间苗。间苗时去密留稀，去弱留强，淘汰弱小或主干弯曲的小苗，使苗木均匀分布。采用撒播的龙眼小苗移栽在 3～5 月、春芽萌发前或春梢老熟后进行，尤以清明前后为好。

挖苗前应喷洒一次杀菌、杀虫剂，防止龙眼叶斑病和木虱的传播。播种圃要充分灌水，以减少挖苗时伤根。主根较长的应剪去1/3。通常，小苗移栽行距为 20 cm、株距为 15 cm，每公顷种植18 万～21 万株。栽植深度应保持其在播种圃的深度，切忌太深，以免影响生长。

移栽后，苗床要保持湿润。移栽后 1 个月，苗木恢复生长，可施稀薄的水肥，每 667 m² 约施 1 500 kg。6 月，龙眼树苗施肥 2次，每株每次追施复合肥约 0.2 kg，以后随着树苗的增长施肥量适当调整。在 7～8 月，要及时防治病虫害，尤其是木虱。幼苗期冬、春季应注意防霜冻。移栽后的小苗经 1 年的培育，当苗高 50 cm、主干基部直径约 1 cm 时，即可嫁接。

（二）嫁接

1. 接穗的采集

龙眼接穗应采自品种纯正、品质优良、丰产稳产、没有检疫性病虫害的母树。在树冠外围中上部选取生长充实、腋芽饱满、无病虫害的末级梢作为接穗，忌用徒长枝。接穗以随采随接为好。剪下的接穗应立即去掉叶片和嫩梢，每 30～50 枝绑成一束，先用湿布或湿毛巾包好，再用塑料薄膜包裹。湿毛巾以手捏不滴水为宜，不宜过湿。每 1～2 d 解开绑缚通气 1 次，可保存 1 周左右。如用干净的湿河沙沙藏，可保存 2～3 周，但需控制河沙的含水量为 5%，以手握河沙能成团、手指缝可见欲滴的水而不滴水、放手即散开为宜。

2. 嫁接方法

（1）单芽切接。单芽切接接穗只用单芽，所以繁殖系数大，嫁接成活率高，生产上应用效果好。

具体做法：在砧木离地面 15～20 cm 处剪顶，削平断面；在外缘皮层内侧，稍带木质部，向下纵切 1.2～1.5 cm。将接穗削面削成一面长另一面短的单芽，长削面长度与砧木切口长度相近。然后将长削面向内插入切好的砧木切口内，对准形成层，若接穗较细，至少一边对准。砧穗密合后，用薄膜全封闭包扎，不露芽眼。

接后 2～3 周，检查是否成活。一般成活率可达 80% 以上，高者可达 95%。由于包扎的薄膜很薄，且扎得紧，芽萌发后会自动冲破薄膜。为了提早出圃，播种后 5～6 个月可就地嫁接，加强管理，年底出圃。

（2）舌接。舌接是龙眼常用的小苗嫁接方法之一。3～5 月可进行舌接，以 4 月为佳，接后半年即可出圃。

　　用 2～3 年生、茎粗 1～2 cm 的实生苗作为砧木，在离地面 40～50 cm、主干较光滑处把最上面的一次梢剪除，其下面保留一至数片复叶，削平剪口；嫁接时，用刀以 30°左右向上斜削成 3 cm 长的斜面，然后自切口横切面 1/3 处纵切一刀，深 3 cm 左右。选用粗度与砧木粗度相当的接穗，长 6～7 cm，带 2～3 个芽，在芽位下部反方向削成平滑的斜面，再在斜面上 1/3 处垂直切一刀，削法同砧木，削口要平滑。然后将接穗与砧木舌状部分对准形成层交互插入，紧密结合，后用 1.2 cm 宽的薄膜带自下而上缠缚包扎，可微露芽眼，使接穗萌发后可自然抽出，或不露芽眼，全封闭包扎。

　　采用不露芽眼全封闭包扎法保湿较好，成活率较高。

　　（3）靠接法。靠接在 3～8 月进行，以 3～4 月成活率较高。

　　选大小与砧木相近的枝条作为接穗，将袋栽的砧苗放在支架上，砧穗双方各自削去皮层及部分木质部，将砧穗两者的形成层对准，用麻和薄膜缚扎包好，防止晒干。嫁接成活后接穗部分切离母株，即可栽种。

　　（4）补片芽接法。4～5 月进行。

　　嫁接时，砧木粗要求 1 cm 以上，在离地面 10～15 cm 选树皮光滑及叶痕垂直线处开芽接位，接位大小应依砧木粗度而定，一般宽 0.8～1.2 cm，长 3～4 cm；用刀尖自下而上划 2 条平行的切口，切口上部交叉连成舌状，然后从尖端把皮层向下撕开，并切除撕下的皮层的大部分，仅留一小段以便夹放芽片。选用 1～2 年生接穗，削口向外斜，芽片宽度应比芽接位略小。撕去芽片的木质部，再将芽片切成比芽接位稍短的长方形薄片。将削好的芽片下端插在砧木剥开的小段皮内，使其固定，随即用 1.5 cm

左右宽的薄膜带自下而上缠缚，缠缚时微露芽眼，将芽片封好。

接后5～7 d如芽片保持原色，并紧贴砧木，即可剪砧。剪砧后10～15 d开始萌芽，此时应加强管理，保证接芽健壮生长。经30 d即可解除薄膜带，通常半年至一年便可出圃。

二、高空压条育苗

龙眼高空压条育苗热带地区全年可进行。在优良母树上选2～4年生枝条进行环状剥皮，环剥宽4～6 cm，深达形成层，切口要整齐，并刮净形成层，以去红色皮层至见白为宜。晾晒1周后，将催根材料敷在切口上，以薄膜包扎成球状，经100 d可锯下假植。不同催根材料对龙眼压条苗发根迟早、发根数量影响较大。用苔藓加湿土作为催根材料，外包薄膜，保水力强，发根快，发根率高。如无苔藓，也可用牛粪、蘑菇土或谷壳灰加沙质土、椰糠等。用草和泥土作为催根材料，保水力差，发根慢，且发根率低。

第三节 建 园

一、园地选择及规划

龙眼喜温暖湿润，对土壤适应性强。丘陵坡地土层厚、日照足、排水良好，是栽植龙眼的适宜地。山地坡度以5°～25°为宜。大于25°的斜坡，水土保持较困难。有霜冻和风害的地方，要选背风的南向和东南向坡较好。山地建园要建设成高标准的"三保园"（保水、保土、保肥），5°～10°的缓坡地，可采用等高环山沟的做法；坡度在10°以上时，可采用等高梯田的做法。

二、种植穴准备

丘陵山坡地因土壤瘠薄、土质较黏、水分较缺、土壤较酸，在定植前2~3个月要先开长宽各1m、深0.8~1m的大穴，施大量有机肥进行局部土壤改良。有机肥可就地取材，用绿肥、豆藤、厩肥、堆肥、垃圾或塘泥等。穴底施绿肥、稻草和豆秆等，穴中施厩肥、少量饼肥、磷肥和石灰，并与表面土混匀施下，穴的上部施腐熟土杂肥和少量磷肥、石灰等，并与底土混匀填满并高出穴面20 cm左右，让它沉实后再栽植。

三、栽植

山地建园应注意坡向，冬季霜冻严重地区宜选择南向或东南向。沿海地区常有台风，宜选避风的方向建园。土层应较深厚，土质以表层沙壤至壤土，底层沙壤至黏壤为理想。应按坡度修筑等高梯田或壕沟。沿海地区设置防护林。山地要大穴定植，下足基肥，定植穴深0.8~1.0 m、直径1.0 m比较合适。平地可筑高33~40 cm的土堆，开浅穴定植。

栽植密度通常为225~300 株/hm^2，采用行距大于株距的长方形为宜，株行距参考（5~6）m×（6~7）m。各地多在雨季定植。栽植时应将根颈部位与地面平齐，不宜过深或过浅。

> **温馨提示**
>
> 压条苗种植时，应注意防止定植过深而影响生长，一般使压条苗根团入土10~15 cm即可，压条苗根系脆嫩易断，填土时应小心从外围逐渐向内压紧，切勿用脚踏压根团，以防断根。在沿海风力较大地区，定植需立支柱。

栽后灌足定根水，并盖一层细土。用稻草、麦秆等覆盖树盘，苗的四周做成小土盘，以便浇水。栽后遇旱，3~5 d浇一次水，直至成活。

第四节　土肥水管理

一、幼年树管理

(一) 间作覆盖

树冠封行前，于株行间种绿肥或中耕作物，间作物应以绿肥、豆菜类和中药等为主，忌种高秆作物。冬夏季宜在树盘盖草，以调节温湿度和抑制杂草生长。

(二) 施肥培土

幼树成活后一个月，每株施 1∶3 稀熟粪水 2～3 kg，以加速根系生长。幼树每年可抽生 4～5 次梢，最好掌握在每次抽梢前施一次肥，浓度由稀到浓，数量逐渐增多，以促使多抽壮梢。生长一年后，要增加施肥量，氮、磷、钾肥要配合施。旱天施水肥，雨后追施化肥。施化肥应开浅沟撒施，每株不超过 0.2 kg，施后盖土。山地土壤瘠薄，在龙眼树盘内每株每年用田园土、河塘泥或垃圾土 100～200 kg 进行培土，兼有施肥、改土和覆盖的作用。

(三) 扩穴埋肥

扩穴施肥是促进龙眼幼树速生快长、早产高产的有效措施。定植后第 2 年开始于定植穴外两边各挖深 0.6～1 m、宽 0.5 m、长 1.2 m 的穴。穴底填入绿肥、垃圾土、土杂肥和少量石灰；中上层用厩肥、干牛粪、饼肥和少量磷肥、石灰等与表层土混匀分层施下，施后覆土。第 3 年在另外两边扩穴埋肥。2～3 年后完成全园扩穴改土，促进根系生长，树冠冠幅可达 2 m，进入投产期。

(四) 排灌水

山地龙眼园除搞好排灌系统和平时保水外，久旱要及时灌水，暴雨天要注意排水。做到久旱不干，久雨不涝。

二、成年树管理

龙眼采用嫁接苗和压条苗定植 4～5 年后，进入成年树的管理。

施肥

龙眼是多花多果的果树，养分消耗大，如不及时施肥会造成园地肥力不足、龙眼生长发育迟缓，所以施肥就成为龙眼园土壤管理的主要措施。

1. 施肥数量

成年结果树的年施肥量因地区不同而有差异，与立地条件、栽培特点、品种等有关，大体水平为每公顷年施氮量 300～375 kg，其中有机肥氮占总氮的 40%，氮（N）、磷（P_2O_5）、钾（K_2O）、钙（CaO）、镁（MgO）的比以 1.0：(0.5～0.6)：(1.0～1.1)：0.8：0.4 为宜。株产 50～100 kg 的龙眼树，每株每年的施肥量折合纯氮（N）0.32～1.96 kg、磷（P_2O_5）0.21～0.96 kg、钾（K_2O）0.28～0.79 kg。

2. 施肥时期

营养诊断指导施肥是实现高产优质的重要手段，通常采用临界值法，对照叶片分析标准及土壤分析标准进行诊断。一般龙眼树每年要施肥 5 次，具体如下：

（1）采果前后施壮树肥。用以提高果实质量、促发秋梢、恢复树势和增强抗寒力，对来年增产有重要作用。尤其是大年，要在采果前 20 d 左右施足迟、速效混合的肥料。

（2）施促花肥。促进多抽粗壮的花穗。此次施肥以氮为主，配合磷、钾肥，但要防止氮肥施用过量引起冲梢，氮肥占全年施氮量的 20%～25% 为宜。

（3）施壮花促梢肥。用以提高坐果率，并促进新梢抽生。这次要增施磷、钾肥。

（4）施保果壮梢肥。施足肥料，可减少生理落果，并促进新梢继续抽生和充实，对当年产量和来年结果有重要作用。要以施磷、钾肥为主，占全年施肥量的 40%～50%。

（5）施壮果肥。促进果实迅速膨大和夏梢继续充实，减少壮果与壮梢的矛盾，对克服大小年结果有明显作用。

3. 施肥种类

施肥种类应以有机肥为主，化肥为辅。优先使用腐熟粪尿以及速效氮磷钾三元复合肥等。有机肥料可提供植株的各种营养和土壤微生物的能源物质，而且是改良土壤理化性状的重要因素。有些产区一般化肥的施用多侧重氮素，而磷、钾肥较缺，亦需重视改进。

4. 施肥方法

施水肥应在树冠外缘垂直投影附近挖浅沟施，化肥可与水肥混合施，也可趁雨后均匀撒施树下，再结合松土埋肥。为使龙眼高产，可在幼果期和果实膨大期进行根外追肥，效果良好。

三、翻犁培土

龙眼园内进行土壤翻犁，有更新根系、换气改土和抗旱保水的作用。每年可进行两次。第 1 次于采果后结合施肥进行，对抗旱保水、促进第 3 次根系生长、增强抗逆能力有显著效果。第 2 次可在雨季结束后，结合除草、施肥进行，以防止土壤板结，增加土壤通气性。冬季气温较低的地区，冬季来临前还要进行培土，以加厚土层，提高土壤肥力。

第五节　整形修剪与树体保护

一、整形修剪

龙眼树冠高大，通过整形修剪，可使枝条分布均匀，树冠通风透光，树体紧凑、矮化，同时可使龙眼减少病虫危害，提早进入结果期。对结果树进行修剪，配合施肥，可培养良好的结果母枝，减少大小年幅度，提高产量与品质。

（一）整形

龙眼树的整形，主要是使龙眼树形成分布均匀的骨干枝，培养成主枝开心圆头形或自然开心形树冠，使主干、主枝、副主枝层次分明。主干高度应根据地区、繁殖方法、品种而灵活掌握。通常主干高度为 40～60 cm，主干上留 3～4 个主枝。主枝的分布要均匀，着生角度要合适，一般多为 45°～70°。主枝着生角度不合适的，可通过拉绳的方法矫正。以后在主枝上再留副主枝、侧枝。这些主枝、副主枝、侧枝构成了树冠的骨架，故又称为骨干枝。

幼树应促其迅速扩大树冠，宜轻剪，疏剪去纤弱枝、密生枝、荫蔽枝、病虫枝等，生长过于旺盛、突出树冠的枝条可短截。骨干枝和树冠的培养，要在苗圃或定植当年进行定干，选配好主枝。以后每次新梢都要进行抹芽、控梢，继续配置好副主枝和侧枝，每年再进行轻度修剪。

（二）修剪

幼年树的修剪，重点在于维护树形，尽快成形。一般宜轻不宜重，对于可剪可不剪的枝条，应暂时保留，将其作为辅养枝，待以后酌情去除。但树冠中部抽生的强枝，应及时摘心、短截或剪除，不宜放任生长，以免造成树冠高大、中心拥挤、荫蔽。对于幼年树抽出的花穗，应及早摘除，以尽快促进丰产树冠的形成。

成年树的修剪，应围绕保持健壮树势和培养优良结果母枝这一目的来进行。春季在疏折花穗时结合修剪，疏删过密枝、衰弱枝、病虫枝。对细弱、不充实的春梢也应剪除，以促进夏梢的抽生。夏季修剪多在 6～7 月进行，在疏果、疏果穗的同时进行夏剪，剪除落花落果的空穗枝或结果少的弱穗，促进秋梢的萌发。秋季修剪可待秋梢生长充实后剪去枯枝、荫蔽枝、病虫枝等。冬季要控冬梢。总之，成年树的修剪应尽量做到"留枝不废、废枝不留"。

对于树冠荫蔽、枝条交叉的果园,要及时分期间伐过密植株,回缩或疏删树冠内部部分大枝,增加树冠内部的通风透光能力。

二、培养结果母枝

龙眼大小年结果明显,自然结果的商品性较差,栽培上要适时调整果量,促使结果母枝基枝的抽发。秋梢是龙眼的主要结果母枝。热带地区的龙眼树多以采果后的秋梢作为结果母枝,成穗率高。培养优良的结果母枝,是连年丰产的基础。

(1)开花前疏除50%～60%的花穗,促发晚春梢或早夏梢作为延伸秋梢结果母枝的基枝。

(2)以枝组为单位,于花芽形态分化前短截40%～60%的1年生枝梢,以促发春梢进而延伸夏梢作为龙眼结果母枝秋梢的基枝,以达到交替结果及更新的目的。

(3)生理落果后,幼果并粒初期疏去过多果穗,以促发基枝。树势壮、管理好的,疏除总果穗的40%～50%;管理差或采收季节早的地区,疏去总果穗的50%～60%。疏得过多会减产,疏得过少克服大小年结果作用不明显。

(4)采后及时修剪,适时施肥,保持果园土壤湿润,促进秋梢抽发、早充实,对于稳定产量有着极其重要的意义。

三、控冬梢

冬梢是指11月至翌年1月抽出的枝梢。由于它消耗了营养,导致翌年无花或少花。

(一)深翻断根

对当年结果少、幼壮年、树势旺盛,有可能抽冬梢的植株,或已抽出长3 cm以下的冬梢的植株,在冬至前深耕20～30 cm,或在树冠外围挖30～50 cm的深沟,切断部分根系。晒2～3周后,填入土杂肥，使新陈代谢方向有利于成花。但老弱树不宜采用此法。

（二）露根法

秋梢充实后，挖开根盘表土，使根群裸露，并让其晒数日，使植株短时缺水，暂时停止营养生长，这对促进成花有良好效果。

（三）摘除冬梢

对已抽出的冬梢，可人工摘除，以免冬梢消耗养分，影响成花。

（四）化学控冬梢

乙烯利可以杀死嫩梢，使幼叶脱落，促进花芽分化，增加雌花比例。常用40％乙烯利的浓度为300 mL/L，冬梢短、叶嫩，要采用低浓度；冬梢长、已展叶，要用高浓度。使用浓度太高，易引起落叶。此外，多效唑（PP333）对控制冬梢、促进花芽分化也有显著作用。

四、高接换种和衰老树的改造

（一）高接换种

过去龙眼采用实生苗繁殖，品质变异大，结果迟，不利于良种区域化和产品标准化。目前，一些龙眼产区实生树仍不少。因此，高接换种成为改造龙眼劣质果园和品种更新的有效方法。高接换种多用单芽切接法或舌接法，接后20～25 d可检查是否成活，若仍未成活，应进行补接。高接时，砧木应留部分枝叶，待接穗萌芽长大后再逐渐除去，以增强接穗的生长力。

（二）衰老树的改造

龙眼树寿命长，通常经济栽培寿命可达100年以上，立地条件好、管理水平高的，经济栽培年限更长。但是，有些龙眼树只种植30～40年树势就衰退，大量出现枯枝，新梢萌发能力差，产量严重下降，有的甚至丧失结果能力。为了提高单产，必须对衰老树进行树冠更新和根系更新。进行地上部更新时，一定要配合根系更新复壮，加强肥水和树体管理，及时防治病虫害。对部分抽出花穗的枝梢，也应酌情剪除，以促进枝梢生长，加快树冠的形成。

五、树体保护

(一) 防冻

龙眼喜温忌冻，在我国南部栽培冬季常遇冻害，对龙眼的生产造成严重的影响。因此，必须重视防冻工作。选择较耐寒品种，如油潭本等；发生霜冻前在幼树树干刷白，基部壅土，用稻草包扎树干，并覆盖树冠；在生长期施足肥料，使植株健壮，增强抗寒性；在冬季根据土壤湿度适时灌溉，以提高土壤含水量，防止接近地面的温度骤然降低；霜冻来临时，大面积熏烟防冻。

(二) 防风

沿海地区夏秋季台风登陆时，正值龙眼果实成熟期，常造成损失。防风的根本措施是设置防护林。对于幼树，可于定植后在树旁立支柱，并用绳子将其与幼树绑扎在一起。结果量多时可用竹竿支撑。福建莆田果农用靠接法将同一株上的枝条互相靠接，亦能起到防风的作用。

第六节　花果管理

一、疏花疏果

根据龙眼生长结果特性，适时适量地疏花疏果，对培养一定数量强壮夏、秋梢作为翌年结果母枝，克服大小年结果起着重要作用。现将福建省莆田市龙眼产区疏花疏果技术措施介绍如下。

(一) 适时疏折花穗

及时疏折花穗可促进夏梢萌发，促进植株生长强壮，增加叶面积，不仅对翌年结果有利，还使留下花穗结果良好，对当年丰产、提高果实质量起较大作用。通常宜在花穗长 12～15 cm、花蕾饱满而未开放时进行，太早疏折不易辨别花穗好坏，且易导致抽发二次花穗；太迟往往失去应有的作用。但各年应根据大小年程度及气候情况而掌握时间。大年宜迟，否则易再重发花穗；小年宜早，抽穗初期气候寒冷可稍早，气候暖和可略迟。

疏折花穗部位因疏花穗季节和树势强弱而有所不同。清明前后疏者，可在新旧梢交界处以下 1～2 节疏折；谷雨前后疏者，在新旧梢交界处以上 1～2 节疏除。如折得太深，新梢萌发无力；折得太浅，易再抽吐二次花穗。对树势壮、抽梢力强的可折深些，树势弱应折浅些。

疏折花穗数量应视树势、树龄、品种、施肥管理等不同而异。树壮、管理好的，可疏去总花穗的 30%～50%；树弱、管理差的，可疏去 50%～70%。疏花过多，则减少产量。疏折花穗的方法大致可按照"树顶少留，下层多留，外围少留，内部多留，去长留短，折劣留优"的原则。树顶和外围少留花穗，以促其发梢，并遮阴树体。同一枝条并生 2 穗或多穗者，只留 1 穗。患病花穗应全部剪除。留存花穗必须有适当距离，均匀分布，通常掌握两手所及范围内留 5～6 穗，以梅花式分布为宜。

（二）疏果

龙眼在疏折花穗后，由于养分集中，坐果率较高，单穗结果多，果实大小不均。为了调节同穗果实之间竞争养分的矛盾，必须在疏折花穗的基础上进行疏果，这对于缩小大小年结果的相差和提高果实品质有一定的作用。广东、海南龙眼的疏果就是以疏果穗为主。疏果的时期宜在生理落果已结束、果实呈大豆大小时进行。福建在芒种至夏至进行，在大暑至立秋再行二次疏果。疏果的方法是先适当修剪过密的小支穗，再剪去过长的支穗，使果穗紧凑、美观，最后疏去畸形果、病虫果和过密的果实，留下密度适当、分布均匀的健壮果。每支穗可根据其粗细、长短留 2～7 粒果。对于并蒂果应去一留一。留果量因树势强弱及果穗大小而异。树势强壮、果穗大的，或坐果率低的，应多留些；反之，可少留些。通常大穗的每穗留 60～80 粒，中等穗留 40～50 粒，小穗留 20～30 粒。

（三）疏果穗

龙眼落果严重的果园可进行疏果穗，一般于生理落果结束后进行。疏折果穗的数量与疏折花穗一样，在两手所及的范围内保留5～6 穗。疏折果穗有利于促发夏梢。疏折果穗后可在保留的果穗上再选留与疏删果粒。

二、保果

龙眼花多，一株树上多是雌雄花混开，雌花授粉的机会多，坐果率很高。但是近几年来，龙眼落花落果现象严重，甚至原是大年的结果树也出现花多果少的情况。

（一）花多果少的原因

（1）与冬暖春寒的气候有关。冬暖满足不了龙眼植株对低温的要求，春寒使花穗的前期花序发育相当缓慢，到了 4 月中下旬又常遇持续高温，造成花器发育时间短，影响花的质量，导致大量落花落果。

（2）与花期阴雨有关。阴雨天气影响授粉受精。

（3）与近年来一些小工厂及汽车等排出的废气毒害有关，酸雨也会造成幼果脱落。

（4）与粗放的栽培管理有关，常因营养不足造成落果。

（二）提高坐果率

提高龙眼坐果率的有效措施主要是加强管理，提高花质；提倡果园放蜂，增加授粉机会；防治病虫，减少落果。此外，也可喷洒植物生长调节剂和微量元素，以提高坐果率。可以应用的植物生长调节剂有：

1. 生长素类

浓度为 1～4 mg/kg 的萘乙酸，可提高龙眼花粉的萌发率5.5%～5.7%；浓度为 1～2 mg/kg 的 2,4 - D，可极显著地提高龙眼花粉的萌发率，比对照提高 25.1%～35.5%。生产上以 2,4 - D 应用最广，常用 $3\sim5$ mg/kg 的 $2,4-D$ 在花期和幼果期喷洒保花保果。

2. 赤霉素类

主要是赤霉素（GA_3、GA_{4+7}）。其中 GA_3 应用广泛，用 $15\sim30$ mg/kg 的浓度可提高花粉萌发率，比对照提高 $18.2\%\sim26.0\%$；用 20% 赤霉酸可溶粉剂保果，可显著地提高坐果率，并使果实增大，一般生产上使用的浓度为 $20\sim30$ mg/kg。

3. 细胞激动素类

应用较多的是苄基腺嘌呤（$6-BA$）。浓度为 50 mg/kg 的 $6-BA$ 可显著地提高龙眼的坐果率和果实中的可溶性固形物含量，还可防止叶片衰老，使叶片较长时间保持绿色。

除植物生长调节剂外，一些微量元素的保果效果也很显著。如硼、钼等可影响龙眼花粉的育性。一般花粉的含硼量不足，在自然条件下花粉萌发所需要的硼是靠花柱内的硼来补偿。因此，用浓度为 $0.05\%\sim0.2\%$ 的硼砂喷洒，可使龙眼花粉的萌发率提高 $27.0\%\sim59.1\%$；但浓度超过 0.4%，则对龙眼花粉的萌发有抑制作用。在幼果期喷洒 0.1% 硼砂，可满足幼果对硼的需求，有利于果实发育。用浓度为 $10\sim50$ mg/kg 的钼酸铵喷洒，对龙眼花粉萌发也有极显著的效果。

第七节　病虫害防治

一、主要病害

（一）龙眼鬼帚病

1. 症状

龙眼鬼帚病，又叫丛枝病。龙眼树的幼叶染病后，叶黄绿色、不伸展，叶缘向上内卷成月牙形，严重时，叶片细长蕨叶状。枝梢中新梢顶部叶畸形，不久干枯全部脱落成秃枝。病重植株，新梢节间缩短成丛生状、扫帚状的褐色无叶枝群，故称鬼帚病或丛枝病。花穗受害后，花朵畸形膨大，花器不发育或发育不正常，密集在一起，花早落。偶有结果，果小，果肉淡而无味。

2. 防治方法

龙眼鬼帚病是一种病毒性病害，可通过嫁接或虫害传染，通常病株上采下的种子、枝条可带毒传播，而虫媒传毒主要是荔枝蝽和龙眼角颊木虱。

防治方法：

① 严格检疫。

② 培育无病壮苗。

③ 治虫防病。可用醚菊酯或溴氰菊酯防治荔枝蝽，用噻嗪酮或吡虫啉防治龙眼角颊木虱。

④ 加强栽培管理。加强水肥管理，保持树势健壮，提高其抗病能力，及时清园，将荫蔽枝、病虫枝、干枯枝、纤弱枝和重叠枝剪去，带出果园集中喷药处理后粉碎沤肥或深埋，防止传播危害。

（二）炭疽病

1. 症状

发病初期在幼嫩叶尖和叶边缘下面形成暗褐色的近圆形斑点，最后形成红褐色边缘的灰白色病斑，上面着生不规则的小黑点。雨季时病斑迅速扩展，小病斑连成大病斑，不久病斑干枯。受害嫩梢顶部先开始呈萎蔫状，然后枯死，病部呈黑褐色，后期整条嫩梢枯死。受害果实先出现黄褐色小点，后呈深褐色水渍状，健部和病部界限不明显，后期病部生黑色小点。

2. 防治方法

炭疽病的流行与雨日、雨量、温度关系密切，高温高湿发病重。夏秋干旱不利其发生。

防治方法：冬季清园，剪除病枝，清扫地面落叶枯枝并集中喷药处理后粉碎沤肥；叶片展开时及幼果期喷洒甲基硫菌灵或代森锰锌进行防治。

（三）叶斑病

1. 症状

叶片产生斑点、斑块，造成龙眼叶枯，致使叶片脱落，影响树势。

2. 防治方法

龙眼叶斑病通常借风雨传播，病菌萌发后侵入危害幼叶或老叶，自春季至初冬均能引起发病，以夏、秋雨季最盛，严重时，常造成早期落叶，影响树势。栽培管理粗放、荫蔽潮湿、害虫多、树势衰弱的龙眼园发病较重。防治方法同龙眼炭疽病。

（四）砧穗不亲和

1. 症状

龙眼砧穗不亲和是一种生理性病害。龙眼嫁接苗在接口处输导组织不畅通，光合产物向下输送受阻，接口下部树干变小，接口上部树干变大，叶片增厚，黄绿色，植株生势弱，甚至不能正常生长结果，大小果严重，无商品价值。

2. 防治方法

（1）苗木出圃时挑除不亲和的嫁接苗。

（2）对轻度不亲和的树加强肥水管理，并在接口处用刀纵割刻伤处理。

（3）严重不亲和的及时挖除，并进行补种。

二、主要虫害

（一）龙眼蒂蛀虫

1. 危害特点

幼虫钻蛀果实、新梢、花穗。幼果期被害，蛀食果核，导致落果；果实后期被害，仅危害果蒂，遗留虫粪，影响品质；危害花穗、新梢，可到先端枯萎；叶片被害，中脉变褐，表皮破裂。被害果实在成熟采收时常自然脱落。

龙眼蒂蛀虫成虫昼伏夜出，有明显趋嫩性和趋果性。喜欢荫蔽、潮湿，整个取食期均在蛀道内，不破孔排粪。

2. 防治方法

加强果园管理。增强树势，提高树体抵抗力。科学修剪，剪除病残枝，调节通风透光性。保持果园适当的温湿度，结合修剪，清理果园，减少病源。

化学防治：在落花后至幼果期间，幼虫初孵至孵化盛期时喷洒高效氯氰菊酯、溴氰菊酯、毒死蜱、甲氨基阿维菌素苯甲酸盐、高效氯氰菊酯＋灭多威、敌百虫等药剂进行防治。

（二）荔枝蝽

1. 危害特点

成虫、若虫均能吸食嫩芽、嫩梢、花穗和果实汁液，引起落花、落果，常造成果品减产失收。

2. 防治方法

荔枝蝽有假死性，若虫共5龄，三龄以前抗药力弱，是防治的最佳时期。

人工捕捉：早晨摇动树枝，或用长竹竿轻打枝叶，若虫受惊落地假死时，即可人工捕捉并集中销毁。

药剂防治：在若虫大量发生时及时喷药防治，常用药剂有高效氯氰菊酯、敌百虫、噻虫嗪等，防治1~2次。

（三）尺蠖、卷叶蛾

1. 危害特点

幼虫危害嫩梢、嫩叶、花穗、幼果及成熟果实。尺蠖以幼虫危害嫩芽、嫩叶，吃成缺刻或吃光整片叶；卷叶蛾类幼虫吐丝卷缀叶片，躲藏其中危害。幼果受害引起落果。

2. 防治方法

挂设诱虫灯，诱杀成虫。

化学防治：用石硫合剂将龙眼树茎基部0.8~1.0 m高涂白。

每一次新梢萌发和花蕾生长期及时喷药防治，可用敌百虫、毒死蜱、高效氯氰菊酯、阿维菌素、氯虫苯甲酰胺等喷雾。

(四) 介壳虫类

1. 危害特点

若虫、成虫寄生于嫩梢、果柄、果蒂、叶柄和小枝上。新梢被害，幼芽扭曲、畸形，生长受阻；果实被害，影响外观和品质，引起落果，还诱发煤烟病。

2. 防治方法

可以选用毒死蜱、马拉硫磷、溴氰菊酯等药剂喷雾进行防治。

(五) 红蜘蛛

1. 危害特点

红蜘蛛具有群集性，成螨、若螨、幼螨群集于叶面取食危害。被害部位褪绿，严重时整株叶面褪绿，影响植株光合作用。

2. 防治方法

冬、春干旱季节危害严重，高温高湿季节不利于红蜘蛛生长发育。可选用阿维菌素、辛硫磷、哒螨灵、四螨嗪、异丙威等药剂对受害植株进行喷雾。

第八节　采　　收

龙眼果实以充分成熟采收为宜，采收期因地区、品种、用途及气候而异。当果壳由青色转为褐色，果皮由厚且粗糙转为薄而光滑，果肉由坚硬变柔软而富有弹性且呈现浓甜，果核颜色变为黑褐色或红褐色时即为成熟。就地鲜销或加工桂圆肉、桂圆干的，采收成熟度可以在九成以上；供贮藏、远运的果实适宜在八成熟采收。

采摘果穗的部位，掌握在果穗基部与结果母枝交界处，果穗基部 3～6 cm，带叶 2～3 片折断果穗。此处隐芽较为集中，俗称

"葫芦节",节上养分积累较多,是发芽抽梢的重要部位。断口应整齐,无撕皮裂口之弊。采果应在晴天晨露干后或 16:00 后进行,或在阴天采摘,避免在中午高温或雨天采果,否则因气温过高极易使果实变色变味。

龙眼果穗采摘后,可用竹筐、纸箱、板条箱、塑料箱包装。纸箱侧面要留有通气孔,木箱、塑料箱四周及盖、底均须留有宽 2 cm 的缝,装箱时要果穗朝外,果梗朝内,轻装轻放,避免挤压,减少脱粒。采后的果实不能被太阳暴晒,要及时进行预冷,散发田间热。

鲜果于包装前先经选剔,除去坏果,并摘掉果穗上的叶片,剪除过长的穗梗,使果穗整齐。

第五章 荔 枝

荔枝原产我国南部，果实品质优良，营养丰富，在海南、广东、云南的山林里仍有成片野生荔枝林。我国荔枝的生产区，包括海南特早熟产区、粤桂西南部的早熟产区、粤桂中部的中熟产区和粤东闽南的迟熟产区。海南省的荔枝则主要分布在东部、东南部、东北部、北部等地，2022年，海南省荔枝种植面积2.1万hm²，占全国的4.0%。

第一节 品种及种苗培育

一、品种介绍

荔枝属无患子科荔枝属。该属有两个种：中国荔枝原产海南岛霸王岭；菲律宾荔枝原产菲律宾，只作砧木或育种材料。

根据成熟期先后分为：早、中、晚熟品种。早熟品种有三月红、白糖罂、白蜡、妃子笑等；中熟品种有大造、黑叶、桂味、糯米糍等；迟熟品种有新兴香荔、淮枝、兰竹、陈紫等。热带地区的荔枝品种以早熟品种为主，栽培品种达到40多个。近年来，无核品种和大果型品种已经形成一定种植规模，并发展成海南荔枝特色品牌。

（一）荔枝王

荔枝王是海南省特有的荔枝品种，又称为紫娘喜。果实特大，果皮紫红色、较厚，果皮上额颗粒感比较突出，果肉白嫩、细腻甜脆，口味酸甜适口，种核大。每年5月下旬至6月上旬成熟。

（二）妃子笑

妃子笑荔枝投产早、生长快，是海南省种植较广泛的品种，4月下旬至5月成熟。果大，果皮颜色青红相间，果肉晶莹剔透，多汁，甜度高，果核特别小，食用品质高。

（三）白蜡

白蜡荔枝生长势较强，丰产，但大小年现象较明显。其果实大小中等，果皮颜色红润，果核中等，甜度适中。

（四）三月红

三月红荔枝树势壮旺，耐湿、抗风，最早熟品种，4月成熟。果大、心形，果肉白蜡色，肉粗多汁，甜中带酸涩，种核大。

（五）南岛无核

南岛无核荔枝不抗旱。果实近球形，果皮鲜红，肉厚乳白，肉质嫩滑、多汁，种子退化焦核，可食率高。6月成熟，果实膨大期和成熟期易裂果。

（六）大丁香

大丁香荔枝果大，果皮鲜红色至紫红色，皮厚，肉质嫩滑、多汁，味清甜微酸，果核小或焦核。5月下旬至6月上旬成熟。

（七）鹅蛋荔

鹅蛋荔即岭南39，早产、丰产性好。果皮暗红带绿，果特大，种子大而饱满，肉质柔软多汁，味甜。

（八）白糖罂

白糖罂荔枝树势中等，一般在6月中下旬成熟。果偏小，果皮薄、颜色鲜红，果肉呈白蜡色，果肉细腻多汁，果核中等，甜度高，有白糖味。

（九）糯米糍

糯米糍荔枝6月下旬到7月上旬成熟，果肉较厚，肉质滑嫩、松软、多汁。果实甜度高，核瘦小，可食率仅次于无核荔枝。

二、育苗

荔枝的繁殖育苗，以高空压条和嫁接育苗为主。

（一）嫁接育苗

1. 砧木苗的培育

（1）砧木品种的选择。荔枝不同砧穗组合的嫁接亲和力有差异，生产上常选用淮枝、大造、黑叶、三月红等大核种子品种作为砧木。

（2）种子处理。荔枝种子不耐存放，自然堆放 3～5 d 会因干燥或发霉而失去发芽力，最好随采随播。若需贮藏，应将种子洗净晾干，选出健康饱满的种子，用百菌清、硫菌灵处理种子，装入塑料袋密封，室温贮藏，4 个月以上仍有较高的发芽率。

（3）播种。一般夏季播种，按行株距（10～15）cm×（5～8）cm 穴播，覆土 1.5～2 cm，保持床土湿润。

（4）苗期管理。砧木种子出苗后及时追苗肥，加强田间管理。翌年 3～4 月按植株大小分级，按株行距均 15～20 cm 移栽。当砧木苗长至 30 cm 高时摘心，抹除主干 20 cm 以下的侧芽，培养直立、健壮的苗木。当苗干粗 1 cm 左右时嫁接。

2. 嫁接

（1）嫁接时间。热带地区种植荔枝，一年四季都可以进行嫁接，一般在 3～5 月及 9～10 月嫁接成活率高。

（2）采接穗。在品种纯正、丰产优质的结果树上，采集生长充实、芽眼饱满、粗度与砧木相近的一二年生枝条作为接穗。接穗不耐贮藏，若需短期保存，可用湿细沙、湿布等包好装于塑料袋中备用。枝条最好当天采当天嫁接。

（3）嫁接方法。嫁接方法有芽接和枝接，枝接以切接、舌接等方法进行。切接时，先将砧木主干切断，切口高度 15～30 cm 都可，要求切口平滑，切口下方保留 2～3 片叶。断面靠近木质部边缘向下纵切一刀，切口的长和宽与接穗的切面相对应。再将枝条截成 2.5~3 cm 长、带 1~3 个壮芽的接穗。在接穗的形态学下端，削成 1~2 cm 长的单斜切面或双斜切面，露出形成层。将接穗插入砧木的切口，使接穗与砧木至少一侧的形成层对齐，砧木切口的皮层包于接穗外侧。用嫁接膜捆绑、封严。

3. 嫁接后期管理

嫁接后 30~40 d 检查，未成活的及时补接，抹除砧芽。第二次新梢老熟后，从侧边切割薄膜带解缚。接穗萌发的第一次新梢老熟后可施肥，以后每次梢期施肥 1~2 次。旱时淋水，及时灭虫。

4. 嫁接苗出圃与包装运输

嫁接苗高 40~50 cm，具 2~3 条分枝，末级枝老熟，叶片浓绿，便可出圃。新梢萌芽前出圃栽植成活率高，出圃前先将苗木移入营养袋培育 1~2 个月，再移植大田，可缩短缓苗期，提高成活率。

运输过程中，注意轻搬、轻放和遮阴防晒。

（二）高空压条育苗

荔枝高空压条育苗，一年四季都可进行，以 3~5 月为多。选择丰产、稳产、生长势壮旺的 20~30 年生壮树，2~3 年生、径 1.5~3 cm、生长健壮的枝条，相距约 3 cm，环割两刀，深达木质部，将两割口间的皮层剥除，15~20 d 后，包上潮湿的生根基质，外用塑料膜保护。为促进生根，可在上割口及其附近涂上 0.5% 吲哚丁酸或 0.05%~0.1% 萘乙酸。经 80~100 d 后，生根 2~3 次，根老熟后，从压条下端锯离母树，假植或定植。

第二节 建 园

一、园地选择

大面积荔枝园主要建立在山地丘陵和平地，山地丘陵宜在

15°～20°的斜坡地建园，重点要做好水土保持。地下水位较高的围田或沿海地区的平地建园，必须重视排灌系统的修建，降低地下水位。以土壤有机质丰富，保水保肥力强，开阔向阳的地段为宜。

二、园地规划

1. 园地四周宜营造防护林带

主林带设在迎风方向的园地边或山坡分水岭上，副林带设在园中道路或排灌沟边沿。主林带种6行树以上，副林带种3～4行。林带与果园种植区间挖沟隔离。常用的树种为马占相思、木麻黄等树种。

2. 根据地形地势将园地分成小区

缓坡地小区面积45～75亩[①]；丘陵山地小区面积15～30亩。5°以下的平缓坡地要修筑沟埂梯田或水平梯田，5°以上的微丘陵或丘陵地要修面宽1.5 m以上的环山行。大于20°的坡地不宜种植。

3. 设立能排能灌的排灌系统和完善的道路系统

商品性生产的果园，一般要求有蓄水设施，以满足各时期荔枝生长发育对水分的需求。另外，雨季汛期需要及时排除果园沟内积水，荔枝园内要求修建完善的排水系统。

第三节 栽 植

一、栽植授粉树

荔枝园栽植单一品种，花期雌雄花开放有先后，正常年份有相遇机会，可以互相授粉，但在气候异常的年份，雌雄花不能相遇或相遇的概率很低，会造成当年花而无实或花多果少的现象。部分荔

---

① 亩为非法定计量单位，1亩=1/15 hm²。——编者注

枝品种的幼树，花期早而短，同性花又非常集中，在整个花期中，雌雄花几乎无相遇机会。所以种植荔枝时，确定主栽品种后，应选择 1~2 个花期相近的不同品种，约占主栽品种的 10%，作为授粉树。

二、定植密度

一般采用（4~5）m×（5~6）m 的株行距进行荔枝苗的栽植，每公顷种植 350~500 株。

三、挖定植穴

栽植前 2~3 个月挖好种植穴。种植穴规格：长×宽×深为 1 m×1 m×0.8 m，暴晒风化。苗木栽植时，每穴分层施入绿肥 50 kg、腐熟的土杂肥 100 kg、优质猪粪 15~25 kg、石灰 0.5 kg、过磷酸钙 0.5~1 kg。穴口整成高出地面 25 cm 左右、宽 1 m 左右的土墩。待填土沉实、肥料腐熟后栽苗。

四、定植时间

热带地区一年四季均可栽植，最适宜栽植的时期为春季和秋季。春植一般在 2~5 月，春梢萌发前或春梢老熟后进行；秋植一般在 9~10 月，秋梢老熟后进行。其他时期栽植也应在枝梢老熟后进行。

五、栽植要求

袋装苗确保袋装土不松散。深穴浅种，回土要高出土面 15~20 cm，土面埋过根茎交界处 2~3 cm，利于发根。树苗周围做直径 1 m 的树盘，浇足定根水，树盘圈内盖草保湿。栽植后视天气和土壤湿度情况，适时淋水。栽植 30 d 后检查荔枝苗成活情况并及时补苗。

第四节　水肥管理

一、水分管理

(一) 幼龄树的水分管理

荔枝幼龄树，根少且浅，受表层土壤水分的影响较大。海南5～10月雨水充足，11月至翌年4月雨水较少。1年生荔枝幼树常发生"回枯"现象，尤以定植后已萌发一二次新梢又放松了水分管理的压条苗，"回枯"更为严重。故旱天应注意淋水保湿，雨天防止树盘积水，下沉植株宜适当抬高植位，以利正常生长。

(二) 结果树的水分管理

荔枝结果树对水分的要求较为严格。

采果后促进秋梢抽出的生长阶段，一般年份雨水均较充足，若遇到高温干旱，需要及时灌溉。花芽分化前期土壤应适当干燥，后期适量供水，以利于花芽的分化和花穗抽出。开花期宜少雨多晴，久旱应灌水。果实生长发育期如遇干旱，也会对果实发育造成不利影响，引起裂果和落果。整个果实发育期均需要均衡的水分供应，促进果实正常发育至成熟。荔枝果实成熟期注意排除果园积水。

二、肥料管理

(一) 幼年树的肥料管理

1. 施肥时期

荔枝树苗在定植后1个月即可开始追肥，实行"一梢两肥"或"一梢三肥"，即枝梢顶芽萌动时施入以氮为主的速效肥，促使新梢正常生长；当新梢伸长基本停止、叶色由红转绿时，施第2次肥，促使枝梢迅速转绿、提高光合效能、增粗枝条、增厚叶片。也可在新梢转绿后施第3次肥，加速新梢老熟、缩短梢期，利于多次萌发新梢。

2. 施肥量

每长出一次新梢施 1～2 次肥，每株每次施腐熟花生饼肥 25 g、尿素 25 g，或三元复合肥 25～30 g、尿素 20～25 g、氯化钾 15～20 g、过磷酸钙 50～75 g。以后随荔枝树冠幅增大施肥量也逐渐增多。

3. 施肥方法

定植当年在树盘内浅松土 5～10 cm 淋施，第 2 年起有机肥可在树冠滴水线挖深 20 cm、宽 50 cm 的环状沟埋施，化肥可在雨后沟施或水施。

新梢开始转绿，结合防治病虫的农药，加入 0.3%～0.5% 尿素、磷酸二氢钾或其他叶面肥，进行根外追肥。

（二）结果树的肥料管理

一般每生产 100 kg 鲜果需施纯氮（N）2.4～7.0 kg、五氧化二磷（P_2O_5）1.4～3.8 kg、氧化钾（K_2O）3.0～7.0 kg，养分配比为 N：P_2O_5：K_2O＝1：（0.3～0.6）：（1～1.5）。施肥以有机肥为主，无机肥为辅。荔枝结果树全年施肥主要分 3 个时期进行。

1. 促梢肥

荔枝树采果后立即施肥。若挂果量多，树势较弱者，可在采果前 10 d 左右施用。按每株结果 20 kg 计算，每株施腐熟禽畜粪肥 50 kg，以利于恢复树势。采果后，每株施尿素、钙镁磷肥各 0.4 kg。末次秋梢顶芽萌动时施尿素 0.3 kg，转绿时施 1.0 kg 钙镁磷肥和 0.4 kg 氯化钾。

2. 促花肥

见花蕾就施肥。以土壤施肥为主，沿树冠滴水线开深 30～40 cm、宽 20 cm 的环形沟，以每株结果 20 kg 计算，每株施腐熟禽畜粪肥 10～15 kg、三元复合肥 0.4 kg、钙镁磷肥 1.0 kg、氯化钾 1.0 kg、硼砂 30～50 g。根据实际需要，还可以根外喷施核苷酸、氨基酸类叶面肥加磷酸二氢钾 1~2 次。

3. 壮果肥

按每株结果 20 kg 计算，株施三元复合肥 0.8 kg、氯化钾 0.7 kg、尿素 0.4 kg、钙镁磷肥 1.0 kg。谢花后至采果前 30 d 左右分 3 次施用。第 1 次在谢花后立即施用，施用量占壮果肥量的 30%；第 2 次在谢花后 25~30 d 施用，施用量占壮果肥量的 40%；第 3 次在采果前 30 d 左右施用，施用量占壮果肥量的 30%。壮果期的施肥应土壤施肥和根外追肥相结合。土壤施肥中以水肥耦合方式施用最理想。

4. 根外追肥

枝梢转绿期、抽穗期、花期、幼果期等物候期可根外追肥，以迅速补充树体养分和预防缺素症。施用时间以早晨或傍晚为佳。施用部位以叶背为主。常用的肥料种类和浓度：尿素、磷酸二氢钾 0.2%~0.5%，硼砂（或硼酸）0.1%，钼酸铵 0.05%~0.10%，硫酸镁、硫酸锌 0.1%~0.2% 及国家批准生产的核苷酸、细胞分裂素、绿芬威、爱多收、天然芸苔素、荔枝保花保果药剂等。施用间隔期 7~10 d。

第五节　整形修剪

一、幼树的整形修剪

幼树主干 30~50 cm 处，选留分布均匀、长势健壮的主枝 3~4 条，主枝与主干向上延伸的直线间的夹角为 45°~60°。每一主枝距主干 30~40 cm 处选留副主枝 2~3 条，按副主枝的培养方法依次培养各级结果枝级，用拉、撑、顶、吊等方法调整枝条生长角度和方位，用摘心、短截、疏删、抹芽等方法抑制枝梢生长和促进分枝。同时，在整形过程中还要注意因树作形，因枝修剪，灵活掌握，切忌过量修剪影响树势。最后使树高 1.6～2 m，冠幅 2～2.5 m，冠幅大于树高，主枝较开张，绿叶层厚，枝梢在空间的分布较紧凑，高低参差错落有致，进入开花结果前具备 50～100 条健壮的结果母枝，形成通风透光好的半圆形树冠。

二、结果树的整形修剪

（一）采果后回缩修剪

采果后 7～10 d 进行回缩修剪。幼龄结果树以继续扩大树冠和提高产量为目标。树冠尚未封行时，宜轻回缩，即在上一年度回缩剪口上方 20～25 cm 处剪去已结果的枝条，剪后每个枝条保留 2 个分布均匀的分枝。成龄结果树的树冠已成形，可以重回缩修剪，在上一年度剪口上方 2～3 个芽处剪去已结果的枝条，剪口下只保留 1 条健壮且空间位置合理的枝条。

（二）抽穗前疏枝

在荔枝花穗抽生前，合理地剪除过密枝、荫蔽枝、纤弱枝、重叠枝、下垂枝、内生枝、病虫枝、枯死枝等。但修剪宜轻，落叶量低于 15%。

（三）培养适时健壮的秋梢结果母枝

幼龄结果树或中龄结果树，要求采果后能抽出 3 次梢。成年结果树，要求采果后能抽出 2 次梢。幼龄或中龄结果树，第 1 次梢宜在 6 月中下旬抽出，第 2 次梢于 7 月中下旬抽出，末次秋梢宜在 9 月中下旬抽出，10 月中下旬老熟。成龄结果树第 1 次梢宜在 6 月中下旬抽出，末次秋梢宜在 8 月下旬或 9 月上旬抽出，10 月中下旬老熟；末次秋梢若在 8 月中旬以前抽出，则应通过控制肥水管理来延缓其老熟时间，即末次秋梢抽出后不再施入氮肥，同时适当控制灌水量；末次秋梢若在 9 月中旬以后抽出，则应及时喷施核苷酸等叶面肥促使其在 10 月中下旬老熟，若不能在 10 月 25 日前老熟的，对未老熟的嫩梢，用人工将其从基部老、嫩梢交界处摘除。

末次秋梢适时抽出后，要促其快速生长，干旱时灌水，使其及时吸收促梢时施下的肥料，供应枝梢生长；末次秋梢长 7 cm 至展叶前及时疏除过密、过弱的嫩芽，保留 1～2 个粗壮的芽，使其养分集中，枝梢健壮，必要时可于嫩梢展叶后摘除芽顶，加速末次秋梢转绿老熟；于末次秋梢转绿起，连续喷施特丁基核苷酸 2 次，每次相隔 10 d，可有效加速枝梢老熟。同时每次梢抽发时应喷药防虫保梢。

第六节 控梢促花

荔枝末次秋梢结果母枝老熟后，开始控梢促花。控冬梢促花的有效措施主要有以下几种，但各种措施应相互配合应用，才能取得显著效果。

一、断根

末次秋梢老熟后，结合采果后挖施肥沟施基肥，挖断部分细小的吸收根。树势过旺，可在树盘内翻土断根，削弱根系对肥水的吸收，从而抑制冬梢萌发。

二、环割

对于幼龄结果树，末次秋梢老熟后，在直径 6 cm 以上的主干、主枝、侧枝上环割一圈，深度达木质部。

三、螺旋环剥

树势壮旺的幼龄结果树和中龄结果树，在末次秋梢老熟后，选择合适的枝条部位，用 0.2～0.3 cm 的环剥刀进行螺旋环剥 1～1.5 圈，环剥的宽度通常为环剥枝条直径的 1/10，环剥的深度以刚好达木质部为宜，螺距与干、枝粗细相当。

四、化学调控

环割后 20～30 d，用 40％乙烯利 40～60 mL、15％多效唑 100～160 g 兑水 50 kg 喷雾，控制冬梢萌发，促进成花。冬梢抽出 1～2 cm 长时第 1 次喷雾，20～25 d 后第 2 次喷雾。喷雾时要将药物洒在芽、枝梢和叶片上，喷至叶片微滴水为止。11 月中下旬后抽发的冬梢，可用 400～500 mg/kg 乙烯利喷杀或人工摘除。其他控梢催花的药物还有荔枝专用促花剂、荔枝龙眼控梢促花剂、控梢灵等。

五、冲梢处理

如果通过上述 4 种措施还无法控梢而抽生冬梢，说明植株仍处于营养旺长状态，未进入生殖生长期，如不及时处理，会影响花芽分化。方法有：

(一) 人工摘除冬梢

适用于幼龄结果树、较矮化的成年结果树，且只有少部分冲梢。人工摘梢的适宜时间是冬梢抽出 5～7 cm，将其全部摘除，使其顺利进行花芽分化。大部分树冲梢采用人工摘梢花费人工多，时间长。

(二) 药物杀冬梢

冬梢抽出 3～5 cm 且未展叶或刚展叶时，用含成花素成分的"脱小叶"均匀喷布于嫩梢上，2～3 d 即萎蔫、干枯。此方法快速安全，由于含成花素成分，可促进花芽分化。但使用"脱小叶"杀冬梢时要及时，否则达不到应有的效果。用乙烯利或含乙烯利成分的药物杀梢，也可以杀死冬梢。但要把握好乙烯利的使用浓度，浓度过低或气温过低，杀不死冬梢；浓度过高或气温过高，引起叶片黄化，甚至落叶。

第七节　花果管理

一、调控花期和花量

琼南 12 月底以前、琼北 1 月上旬以前抽出的花蕾，要从基部全部抹除。1～2 月抽出的花蕾，在花穗抽生 8～10 cm 时短截花穗，或用 300 mg/kg 多效唑和 250 mg/kg 乙烯利压穗，促抽侧穗，每结果母枝留花穗 1～2 条。

二、辅助授粉

盛花期采用果园放蜂、人工辅助授粉、雨后摇花，高温干燥天气傍晚灌水及下午树冠上喷清水等措施，可以有效提高授粉率。

三、疏果

对结果过量的植株在第 2 次生理落果后进行人工疏果。疏除过密果、弱小果、畸形果、病虫害果和过于分散的果，并根据结果母枝粗壮程度和叶片数确定每枝留 20～30 个正常果。

四、保果

(一)环割

幼龄结果树可在雌花谢花后 10～15 d 进行环割，生长旺盛的结果树可在雌花谢后 40～50 d 环割第 2 次。环割宜在主干枝或大枝上进行，用环割刀在光滑部位上环割 1 圈，深度达木质部为宜。对老龄和树势弱的结果树一般不采用环割措施。

(二)喷施叶面肥

花蕾期至幼果期，每隔 10～15 d 喷 1 次叶面肥，叶面肥可用

0.3％尿素加 0.3％磷酸二氢钾。开花期不能使用农药。

（三）应用植物生长调节剂

可用核苷酸 1 袋兑水 15 kg，在谢花后 15 d 进行第 1 次喷药，在生理落果后即雌花谢后 30 d 左右进行第 2 次喷药。还可在谢花后20～40 d，用 40～50 mg/L 防落素或 20～50 mg/L 赤霉素，加0.3％～0.5％尿素和 0.2％～0.3％氯化钾喷雾，进行保果。应用的植物生长调节剂必须符合国家安全许可要求。

（四）果实套袋

荔枝果实套袋，多采用无纺布制成的荔枝专用保果袋，也有其他白色透光和防水材质的袋。套袋期为雌花谢花后约 20 d，小果颜色由黄绿色变为青绿色时，将过大、过小、病虫果及果穗上的枯枝残叶摘除，喷洒杀虫杀菌剂和叶面肥的混合物，将整个果穗用保果袋套上，扎紧袋口。杀虫杀菌剂和叶面肥，可使用 25％杀虫双 500倍液，或 90％敌百虫 800 倍液，或 58％瑞毒·锰锌 600 倍液，或0.3％尿素和 0.3％磷酸二氢钾混匀喷雾，药液干后尽快套袋，最好分批杀虫杀菌，当天喷药的果实当天套袋。

套袋时，不要将树叶和枝条套进袋内，保果袋要充分撑开，果实不靠近袋内壁。果实发育过程中，如果发现果袋损坏，应立即更换。

五、防裂果

荔枝裂果发生在幼果期和果实发育中后期。幼果期裂果高峰发生在雌花谢后 25～30 d，此时为种子和果皮的生长发育期。种子生长发育快于果皮，导致果皮纵向裂果。果实发育中期裂果高峰发生在雌花谢后 50 d 左右，此时果肉纵向生长迅速，管理不当果肉撑裂果壳。果实发育后期裂果高峰发生在雌花谢后 65～70 d，此时果肉进入横向猛长期，裂果主要从果肩两边开裂。幼果期裂果，造成的直接经济损失较小。但发生在果实发育中后期的裂果，则造成较大的经济损失。生产上应在裂果高峰出现之前，采取有效措施，防止裂果。

荔枝裂果与品种特性，包括施肥、灌溉、排水、病虫防治等在内的栽培管理技术及大气的湿度等气候条件关系密切。防裂果的主要措施如下：

1. 使用植物生长调节剂

在果皮发育期，即雌花谢后 15 d 和 30～40 d，喷高浓度细胞分裂素于幼果上，可以促进果皮细胞分裂和正常发育。

2. 在果实发育期保持水分均衡供应

在果皮生长发育期及果肉迅速生长期，要保持果园土壤的湿度和大气的湿度均衡，天气干旱时，除主要向土壤灌水外，还需对树冠进行喷水，使果实能在稳定的环境条件下正常生长，避免由于久旱骤雨或土壤、大气湿度剧变，引起果肉和果皮生长失衡而裂果。

3. 在果实发育期平衡供应果实发育所需要的养分

荔枝果实发育期间除平衡供应氮、磷、钾外，还应及时补充与果实发育关系密切的钙、硼、锌、铜等元素。生产上除在冬季清园后果园撒施石灰，增加钙的供应量外，在第 1 次生理落果后至果实浑圆前，叶面喷施含钙、硼、锌、铜等元素的"防裂素"2～3 次。

4. 环割

第 1 次生理落果后用环割刀对一级或二级分枝进行螺旋环割 1 圈，以阻断绝大部分光合产物向根系输送，使根系处于养根而不生根的状态，减少根系生长与果实争夺养分，以减少裂果。

5. 及时防治病虫害

荔枝的病虫害可以提高荔枝的裂果率，尤其是受霜疫霉病感染的荔枝果皮，常是果皮开裂的突破口，注意及时防治。

第八节　病虫害防治

一、主要病害

（一）荔枝霜疫霉病

1. 症状

荔枝霜疫霉病，主要危害荔枝叶片、花穗、结果小枝和果实，近成熟和成熟果实受害尤为严重。受害时，形成不规则褐色病斑，花变褐腐烂，叶的正、背面都呈现白色霉层。

2. 发病条件

荔枝霜疫霉病是热带地区荔枝最严重的病害，发生的最适宜温度为 22～25 ℃，超过 28 ℃，病害的发展受抑制，干旱天气发生较少。高湿度条件下，11～30 ℃均可侵染荔枝果实。

3. 防治方法

（1）防止果园积水，降低果园湿度。荔枝采收后，要疏除病虫枝、枯枝、弱枝、过密枝，使树冠通风透光良好。

（2）清理果园，减少病害的初侵染来源。采果后，清理地面上的病果、烂果、枯枝、落叶、杂草等，带离果园深埋或集中喷药后粉碎沤肥。

（3）土壤消毒。春季卵孢子萌发期，用 1％硫酸铜溶液或用 1％波尔多液喷洒树冠下面的土壤表面，杀死萌发的孢子囊。

（4）药剂防治。花蕾期、幼果期和果实成熟期可喷药防治。药剂可选用 64％噁霜·锰锌可湿性粉剂 600 倍液，或 58％瑞毒·锰锌可湿性粉剂 600 倍液，或 25％瑞毒霉可湿性粉剂 500 倍液，或 50％甲霜·乙膦铝可湿性粉剂 600 倍液，或 72.2％霜霉威盐酸盐水剂 600～800 倍液。

（二）荔枝炭疽病

1. 症状

荔枝炭疽病主要危害嫩叶、花穗和果实。叶片受害常从叶尖开始，由淡褐色小斑逐渐扩展为深褐色的大斑，边缘不清晰。湿度大时溢出粉红色的黏液，严重时导致叶片干枯、脱落。花穗受害变褐枯死，果实受害变褐腐烂。

2. 发病条件

荔枝炭疽病是荔枝的重要病害。当空气湿度大、树势衰弱、遭受其他病虫危害或果实处于成熟阶段，容易诱发病害。该病的发生与栽培管理水平、环境条件及荔枝树体本身的抗病能力关系密切。

3. 防治方法

（1）加强栽培管理，使树势生长健壮，增强植株的抗病能力。

（2）保持果园干净，减少菌源。荔枝采收后疏除病虫枝、枯枝，清除地面上的病果、烂果、枯枝、落叶，集中喷药后粉碎沤肥。同时全园喷洒杀菌、杀虫剂。

（3）药剂防治。荔枝春梢期、花穗期、幼果期可喷药防治。药剂可选用25%咪鲜胺乳油800倍液，或80%代森锰锌可湿性粉剂500倍液，或70%甲基硫菌灵可湿性粉剂800～1 000倍液，或50%咪鲜胺锰盐可湿性粉剂1 500倍液。

（三）荔枝酸腐病

1. 症状

荔枝酸腐病多危害成熟果实尤其是受害虫危害的果实，贮运期间也常发生此病。发病时一般从蒂部开始，病部初呈褐色，后变为暗褐色，并迅速扩展至全果变暗褐色，果实外壳硬化，内部果肉腐化，有酸臭味并有酸水流出。

2. 发病条件

荔枝酸腐病是危害荔枝果实的常见病害。成熟果实被害虫危害或受机械损伤后，容易受此病菌感染。在贮运过程中，健果与病果接触而受感染。

3. 防治方法

（1）及时防治荔枝蝽、荔枝蒂蛀虫等荔枝果实害虫。

（2）在果实管理、荔枝采收和运输过程中，尽量避免损伤果实和果蒂。

（3）果实采后可用42％双胍•咪鲜胺500～700倍液，或10％抑霉唑硫酸盐水剂200倍液浸果，可有效防治酸腐病。

二、主要虫害

（一）荔枝蝽

1. 危害特点

荔枝蝽是我国荔枝产区的主要害虫。成虫、若虫以刺吸式口器吸食荔枝幼芽、嫩梢、花穗、果实等的汁液，从而影响新梢生长，或造成落花、落果，影响产量。荔枝蝽放出的臭液还会灼伤嫩叶、花朵及果壳。

2. 防治方法

（1）热带地区2月上旬蝽成虫交尾产卵前及3月下旬至4月上旬一至二龄若虫大量发生，及时喷药，药剂可选用90％敌百虫800倍液，或2.5％溴氰菊酯乳油3 000～4 000倍液，或18％杀虫双水剂500倍液，或10％高效氯氰菊酯乳油1 500倍液。

（2）3～4月荔枝蝽产卵期，采摘卵块及扑灭若虫。或每隔10 d放平腹小蜂一次，共放3次，通常每株树放600头平腹小蜂。

（3）利用其假死性，在冬季低温期人工摇树，坠地后集中处理。

（二）荔枝蒂蛀虫

1. 危害特点

荔枝蒂蛀虫是荔枝的主要蛀果害虫，并危害嫩叶和花穗。幼虫在果实膨大期钻蛀荔枝果实，导致落果减产；蛀食果树的髓部组织，使枝梢或花穗干枯；蛀食叶片主脉，导致叶片干枯死亡。

2. 防治方法

（1）适时放秋梢，控制冬梢，减少害虫食料来源。

（2）采果后清园。扫除枯枝落叶、落果等，集中喷药处理后粉碎沤肥，减少虫源。

（3）4月上旬幼果膨大期及4月下旬至5月初果实着色期，蒂蛀虫第2代、第3代成虫羽化期，喷药防治。药剂可选用25％杀虫双500倍液＋90％敌百虫800倍液，或5％氯虫苯甲酰胺悬浮剂1 000倍液，或1.8％阿维菌素乳油1 500倍液＋10％高效氯氰菊酯乳油2 500倍液。

（三）卷叶蛾类

1. 危害特点

卷叶蛾类的幼虫咬食花穗、嫩梢、嫩叶，也蛀食幼果及成熟果实。危害花穗时，先吐丝将几个小穗粘连在一起，后取食基部，造成花穗枯死；危害嫩梢、嫩叶时，将3～5片叶片卷曲，匿于其中危害；危害嫩茎时，多从茎末端蛀入，造成嫩茎枯萎；危害果实时，先咬破果皮，后蛀入果肉，引起落果。

2. 防治方法

（1）冬季清园，剪除受害枝叶，清理枯枝落叶，减少越冬虫源。

（2）新梢、花穗抽发期检查果园，发现虫苞、卷叶及被害花穗、幼果，结合疏花疏果及时剪除，减少虫口数量。

（3）荔枝开花期和幼果发育期，利用成虫的趋光性进行灯光诱杀。

（4）荔枝谢花后至幼果期，喷药防治，药剂可选用90％敌百虫800倍液，或25％杀虫双水剂500倍液，或80％敌敌畏乳油1 000倍液。

（5）生物防治。释放松毛虫赤眼蜂。

（四）介壳虫

1. 危害特点

介壳虫的成虫、若虫群集于嫩梢、果柄、果蒂、叶柄和小枝上吸食汁液，同时分泌白色蜡质絮状物，可诱发煤烟病。被害新梢扭曲、畸形，生长受阻，果实被害后，降低外观品质，严重的引起落果。

2. 防治方法

（1）及时剪除被害枝梢、果实，减少虫口密度。

（2）果园周边尽量不种植刺合欢，避免野生寄主传播虫源。

（3）卵孵化盛期和低龄若虫发生期喷药防治，每隔 10～15 d 喷药防治 1 次，药剂可选用 25％喹硫磷乳油 800～1 000 倍液，或 0.2～0.5 波美度石硫合剂。

（五）荔枝瘿螨

1. 危害特点

荔枝瘿螨俗称毛蜘蛛。以成螨、若螨刺吸新梢叶片、花穗及幼果，其中嫩芽、幼叶受害最重。被害叶片扭曲、畸形，质地坚硬。荔枝瘿螨一年四季均有发生，5～6 月虫口密度最大，危害最严重。

2. 防治方法

（1）农业防治。结合荔枝采后修剪，疏除瘿螨危害的枝条及过密枝、弱枝、病枝、枯枝，以及地面上的残枝落叶、落花、落果，集中喷药处理后粉碎沤肥，减少虫源。苗木调运时，检查并剪除虫叶，喷杀螨剂灭瘿螨，防止瘿螨随苗木扩散传播。

（2）药剂防治。新梢抽发期、花穗期、幼果期根据虫情喷药。药剂可选用 73％炔螨特乳油 1 000 倍液，或 25％喹硫磷乳油 1 000 倍液，或 24％螺螨酯悬浮剂 3 000～4 000 倍液，或 0.2～0.3 波美度石硫合剂（花穗期禁用）。

（六）尺蠖

1. 危害特点

尺蠖是一种杂食性和暴食性害虫，幼虫咬食荔枝嫩梢、嫩叶、花穗和幼果。初孵出的幼虫以腹足固定于叶片上，在叶背啃食叶下表皮及绿色组织，把叶片咬成大缺刻，甚至把叶肉吃光，只留下主脉。一年中于春季荔枝开花期、采果后夏梢萌发期和早秋梢萌发期危害最严重。

2. 防治方法

（1）利用成虫的趋光性，使用频振式杀虫灯诱杀。

（2）在老熟幼虫入土化蛹前，用塑料薄膜覆盖树盘及其周围，堆湿润疏松土层10 cm，幼虫前来化蛹时集中捕杀。

（3）药剂防治。荔枝抽穗后开花前和谢花后，用90％敌百虫结晶800倍液喷杀幼虫；每一次新梢萌发后，可用4.5％高效氯氰菊酯乳油1 000倍液或1.8％阿维菌素乳油1 500倍液喷杀。

第九节 采 收

一、采收期的确定

荔枝果皮从绿黄色转为红色是成熟的特征，内果皮淡红色，果肉饱满，并有浓甜香味，果核呈褐色，适合鲜食销售和加工。远销和外运的果实应提前5～7 d采收。

二、采收时间

荔枝的采收最好在晴天的早晨、傍晚或阴天进行。光照强的中午、雨天及露水未干均不宜采收。晴天的中午过后，光照强、温度高，果实失水过多，果皮易出现褐变。

三、采收方法

（1）荔枝采摘时尽量避免爬树作业，可借助其他工具，以防折断树枝。

（2）一般先采收树冠顶端的果，4～5 d 内逐批采完。有些品种果实成熟期不一致，应先成熟的先采，后成熟的后采。

（3）荔枝果穗基部与枝条交接的肥大部分俗称"葫芦节"，容易抽发秋梢，甚至直接分化花芽。早熟品种生长量大，可以不留葫芦节；中晚熟品种采收时，提倡"短枝采果"，采摘荔枝时保留"葫芦节"，摘果不摘叶，利于抽生健壮秋梢。

（4）摘果的伤口要平整，最好用枝剪剪果和疏枝，以免影响新梢的萌发和生长。

（5）采收搬运时要轻放轻运，避免机械损伤，采后果实应避免日晒雨淋。

四、采后商品化处理

荔枝果实采收后，夏季高温，果皮容易失水和遭受真菌侵害。采收后在果园阴凉处就地分级，剔除烂果、病虫果，迅速装运。常温运输前果实要先预冷后包装，荔枝果实在 0～5 ℃的低温环境中贮藏，能有效延长荔枝的新鲜状态。还可应用防腐剂和热水处理，可有效抑制真菌病害。低温结合气调贮藏是目前延长荔枝保鲜期的最有效方法。

第六章 莲 雾

莲雾，又名洋蒲桃、爪哇蒲桃等，是桃金娘科蒲桃属热带亚热带果树，原产马来西亚及印度。中国广东、海南、福建、台湾、广西、云南有栽培。莲雾适应性强，粗生易长，性喜温暖，怕寒冷，喜好湿润的肥沃土壤，对土壤条件要求不严。

第一节 品种介绍

莲雾品种多以果实成熟后的颜色来命名，大致分为六类。深红色的品种，果型小，近果柄端稍长，果色好，耐贮藏稍有涩味，为台湾栽培历史最早的品种。淡红色的品种，果实长，呈斗笠形。粉红色的品种，又称南洋莲雾，其果型大，早熟，果色和果形都很好看，甜度、口感都佳，产量较高，是目前台湾栽培的主要品种。白色的品种，近果柄一端稍长，品质优，但果型小，产量低，为晚熟品种。绿色的品种，是台湾培育的新品种，大果品系，从粉红种变异的品种筛选出来，叶片较大，单果重 100～300 g，果脊明显，开花时花穗数较南洋种多，果皮着色较红。

目前市场上比较受欢迎和普遍种植的莲雾品种是台湾的几个粉红色改良品种，如黑珍珠、黑金刚、黑钻石等，以及泰国改良的大果品种，如红钻石、红宝石等。热带地区栽植的莲雾品种众多，大部分从我国台湾或马来西亚引进，主要有黑金刚、大叶红、黑珍珠、中国红、混血莲雾、牛奶莲雾等品种。

一、黑金刚

黑金刚莲雾是台湾粉红色品种，果实较大，呈吊钟形，有光泽，成熟时果深红色，果肉白色，因其反季节栽培的果实红得发黑，俗称"黑金刚"。但果肉含棉花质较多，雨季落果与裂果严重，冬季果色较红，但春季果色带有青白色，商品价值下降。

黑金刚莲雾具有一年多次开花、结果的习性，正造 3～5 月开花，5～7 月果实成熟。通过特殊处理可调节花期，使成熟期提早到 12 月至翌年 4 月。该品种喜温怕寒，最适生长温度 25～30 ℃。

二、红钻石

红钻石莲雾是泰国大果品种，单叶对生，呈椭圆形，叶表面深绿色，叶较大，幼叶呈紫色，叶片长 20～32 cm，宽 8～15 cm。该品种每年可抽发新梢 4～5 次，枝梢生长量大，成枝力也较强，能迅速形成树冠。一般在 3 月下旬开始萌发新梢，至 11 月低温干旱时停止新梢萌发。

红钻石莲雾花芽分化不需要低温，花芽为纯花芽。老熟枝梢的顶芽或其下的腋芽，分化为花芽，每花穗有小花数朵。该品种在 4～5 月开正造花，6～7 月果实成熟，对气温要求不严，最适温度 22～30 ℃，8 ℃时花蕾幼果易受害。在 12 月至翌年 1 月还会开放零星花。红钻石莲雾开花期的水分供应至关重要，另外，养分直接影响花的质量和果实产量。该品种果实下垂，呈长吊钟形，表面蜡质有光泽，成熟时果深红色，果肉白色，棉花质少。

泰国莲雾能适应多种土壤类型，速生快长，种植 2～3 年可挂果，而且具有一年多次开花结果的习性，花果期长，结果多，产量高。4 年树龄单株产量可达 40～50 kg，6 年树龄单株产量达 60～

80 kg。目前零售价格高，产品销路好。

三、黑珍珠

黑珍珠莲雾，耐盐碱，果实较小，外表颜色较暗，色呈紫红，表皮果脊明显，果实有光泽，被蜡质，果肉米白，棉花质较少，肉质爽脆多汁。

四、中国红

中国红莲雾，由黑金刚和大叶红品种嫁接培育而成，是海南的独有品种。一年四季皆可开花结果，吸收了黑金刚和大叶红的优点，果实大而优，单果重达 250～300 g，表皮鲜红，口感清甜，爽脆多汁。

五、牛奶莲雾

牛奶莲雾是 2005 年从我国台湾引进种植的，三亚市种植面积较大。果皮颜色为红色，果顶中心凹陷，果顶略比果肩宽，果肉为青白色，棉花质少，肉质多汁美味，清脆可口，清凉甘甜。

第二节　壮苗培育

莲雾育苗主要有 3 种方法，即高空压条、扦插、嫁接。空中压条要选 3 年生生长健壮的枝条，6～8 月进行。热带地区根据气候特点，莲雾的扦插、嫁接分别在 5 月和 4～11 月进行，都比较容易成活。

一、高空压条育苗

因莲雾种子较少，一般采用高空压条繁殖，成活率较高，且育苗时间短。压条要选择 3 年以上的生长健壮的枝条，压条育苗一般在每年 6～8 月高温多雨季节进行，挑选直径 2～3 cm 的枝条环状剥皮后，用湿润土壤与杂草切碎混合的泥团包扎，上下两端用绳子缚紧。1 个月后有新根在剥皮处上端长出，2～3 个月就可剪下假植或移植大田。

二、扦插苗的培育

莲雾的扦插穗要选择生长健壮、没有病斑、完好无损伤、带有多片绿叶的枝条，枝条长度约 10 cm，用生根剂浸泡 10 min 左右后将枝条插入土壤，入土深度 6～7 cm。然后用遮阴棚遮盖，根据光照强度及温度来对其喷洒水分。

三、嫁接苗的培育

(一) 砧木苗培育

1. 种子的采集

种子应来自丰产籽多的莲雾优良母株，待果实充分成熟后采下，破除果肉取出种子。种子取出后洗净，浮去不实粒，晾干，以塑料袋密封贮藏。

2. 苗床准备

在苗圃内先按计划深翻、耙碎，起畦面宽 1.2 m，畦沟宽 0.5 m，施用腐熟的有机肥，如猪、牛粪添加细沙、田园土混匀，再以 0.5% 高锰酸钾溶液消毒。

3. 播种时期及方法

在冬季气温较高地区，莲雾种子最好是贮后 1～2 个月再播。因为其种子有后熟作用，鲜播发芽率低。在海南一般可在 6～9 月播种。播种前先行浸种，由于其发芽率偏低，用 0.1 mL/L 的赤霉素能促进种子的萌发，浸泡 6～8 h 即可。浸好后的种子均匀撒播在床面上，再以河沙或田园土覆盖，稍压实后盖草，充分淋水，并搭盖遮阳网。由于 8～9 月气温仍高，苗床不能用农田薄膜保湿，应用稻草或遮阳网覆盖保湿。

4. 播后管理

播后约 1 周，种子开始发芽，及时除去覆盖物，以免小苗压弯变细，在寒流来临前要在拱棚上盖膜防寒。

5. 移栽

苗高达到 5～6 cm 时即可移栽，但一般放在第 2 年开春后再移植，此时成活率较高。苗可按大、中、小分级移植到嫁接畦上或装到营养袋中培育。畦上移植行距为 25 cm，株距为 20 cm。移苗时应选择阴天进行，移栽后马上淋水，成活后 1 个月左右应追施稀薄水肥。

(二) 嫁接苗培育

1. 嫁接时间

莲雾一年四季都可嫁接，以 4～11 月较适宜，但要注意此时为多雨天气，嫁接时避开雨天。

2. 采接穗

在丰产、稳产、果大质优、品质纯正的母本树上，剪取生长充实、已木质化的 1 年生枝条作为接穗。接穗采后去叶，保湿备用。

3. 嫁接方法

莲雾嫁接常用切接法。

具体做法：削好接穗，做到削面一长一短，削面平滑，然后切砧木，即在离地面 20～30 cm 处剪除砧木，选砧皮厚、光滑、纹理顺的地方作为砧木切面，略削少许。再在皮层内稍带木质部向下纵切 2 cm 左右，使切口的长和宽与接穗的长和宽相对应，而后将削好的接穗插入砧木切口，使接穗与砧木的形成层对准靠紧，然后用韧而薄的塑料带自下而上包扎紧接口。

4. 接后管理

嫁接 3～4 周就成活发芽，此时注意挑芽，以便接穗抽芽和生长。随时摘除砧木上所抽的芽，追施稀薄粪水和防治病虫。当接穗长出的第 2 次梢老熟后，苗木高 50 cm、茎粗 1 cm 时可出圃。

第三节　建　　园

一、园地的选择

莲雾对土壤的适应性较强，山地、丘陵是发展莲雾的主要地区。宜选择丘陵及土层深厚、疏松肥沃，水利和电路较方便的山地，山地坡度不宜太高。莲雾高产栽培选择地势开阔、背风，土质疏松肥沃、土层深、有机质含量 1.5% 以上、土壤微酸性或中性，水源充足或安装排灌系统的园地，作为开发种植园较为理想。

二、果园的规划

面积较大的莲雾园要进行合理的规划布局，综合考虑种植小区道路布置，排洪系统设置及建筑物的规划。重点应抓好果园的水土保持工作即修筑等高水平梯田及树盘。同时也要考虑在果园区种植速生林，设置防护林带，减少风害。

三、种植密度

栽植密度要合理。栽植方式以宽行为宜，一般选择行距 6 m，株距 5 m，栽植约 330 株/hm^2。可根据地形来选择株行距规格，还可考虑矮化密植栽培，按 4 m×4 m 的株行距种植，栽植 600 株/hm^2，盛产期开始隔株疏掉。

四、整地

将园地内的杂物、杂草和乱石去除，然后深翻一次土壤暴晒几天，最后平整园地。在坡地种植莲雾，不能直接拉线栽植，最好修筑梯田栽植。莲雾栽植前一个月根据株行距挖栽植穴，栽植穴的规格一般为 100 cm×80 cm×80 cm，每个栽植穴施入充分混匀的粪肥 15 kg＋钙镁磷肥 1 kg＋复合肥 0.3 kg＋绿肥或植物秸秆 35 kg，再盖上一层厚 15 cm 左右的细土，等待栽植。

五、栽植

栽植时，在栽植穴的细土中挖小坑，将莲雾小苗放入坑内，扶直小苗，展开根系，覆土。尽量避免栽植穴内的肥料与根系接触，以免造成烂根，影响成活率。覆土后，轻提苗，并压实苗周围的土。做好根盘。

第四节　水肥管理

一、水分管理

（一）幼苗水分管理

莲雾枝叶茂盛，蒸发量大。幼年莲雾根少且浅，水分的影响较大。1 年生莲雾幼树也会发生"回枯"现象，旱天应注意淋水保湿，雨天应防止树盘积水。莲雾栽植区内合理铺设管道灌溉系统。也可用田间杂草、作物秸秆等覆盖树盘，并培上薄土，保持土壤湿润。

（二）结果树水分管理

莲雾在催花前的控梢阶段须保持适度干旱，以利休眠及花芽分化。其他生育阶段，均需要足够水分。尤其在花芽形成后至果实发育期应进行全园灌水，以防落花和促进果实增大。沙质地在接近成熟采收期，要做好排灌工作，以免干湿变化过大引起落果、裂果及水分过多降低糖分，影响品质。

二、肥料管理

(一)幼龄树施肥

莲雾常年需要营养的供应,需肥量大。莲雾幼树施肥依据勤施薄施的原则,以氮、钾肥为主,促进幼树生长。前期多施氮、钾肥,1~2 年生树,一般每株施三元复合肥 400~600 g。施肥量的确定主要采取养分平衡法和测土配方施肥。生产上莲雾幼苗定植半年内,每月要施一次浓度为 10%~15% 的畜粪尿肥,这样能促进幼树的新根和新梢生长,之后每 1~2 个月施肥一次,一般在新梢抽发前施肥,为新梢生长提供充足的养分。

(二)结果树的栽培管理

莲雾花果量大,为加速果实发育、增大,提高质量,开花后要及时适量施肥,保证花蕾正常发育,提高坐果率。结果树一般每年施肥 3~5 次。3~4 年生的植株每株全年施三元复合肥 0.7~1 kg;5~6 年生的植株每株全年施三元复合肥 1~1.2 kg;7~8 年生的植株每株全年施三元复合肥 1.3~1.8 kg。花、果期忌施化学氮肥,否则将影响果实风味及甜度。莲雾在生产中由于每年多次抽梢,加上对树体的修剪及果实采收,树体养分消耗较大。莲雾每次抽梢,均需补充氮、磷、钾三要素及微量元素,尤其在催花后,树体累积的养分除了供应叶片更新之外,还须供应花穗及果实的生长。

采果后,每株树施 20~30 kg 有机肥、0.5~1 kg 氮素肥料,以促进根系和新梢生长。有机肥可用米糠、豆粕、鱼粉或骨粉等堆积发酵完成。随着树龄的增加及树体的增大,逐年增加施用量,施用时尽量与树冠下的土壤混合,或进行深层施肥。第 2 次新梢成熟后,5 年生以上的植株,每株施用有机肥 3~5 kg、过磷酸钙 3 kg、氯化钾 1 kg,催花前施两次;叶面喷高磷、高钾肥,每 10~15 d 一次,减少新梢抽出。花果期,继续喷施叶面肥,同时补充钙、镁、锰、锌、铜、硼、钼等中微量元素，特别是钙、镁、硼，对莲雾果实的影响很大，会直接影响到莲雾的果实颜色与甜度。

沿海的部分地区，土壤含盐量过高，宜灌溉淡水，降低土壤的含盐量，促进植株正常生长结果。

第五节 整形修剪

一、幼树的整形修剪

莲雾生长快，分枝多，为使树体矮化，便于采收、喷药等管理工作及减少台风危害，并保持树形及日照通风良好，以利于促进提早开花并提高质量，整枝修剪工作甚为重要。

（一）整形

在主干离地 30～50 cm 处剪顶，一般主枝只留 3～4 枝，要求强壮且分布均匀，在主枝上抽生的新梢留 1～2 条作为侧枝，通过人工控制使其形成半圆球形树冠。

（二）修剪

修剪原则是宜轻不宜重。主要修剪枯枝、病虫枝、直立徒长枝、下垂触地枝以及主干和主枝上萌生的过密枝。还要剪除交叉枝、弯曲枝、弱小枝，使养分集中，以利于培养健壮的骨干枝，扩大树冠。修剪在新梢萌发前进行。

二、结果树的修剪

（一）树冠修剪

结果树一般在采果后进行一次重剪。修剪原则为上重下轻，内重外轻。将枯枝、折枝、徒长枝及病虫枝自基部剪除，并将密生枝疏剪，使日照通风良好，内膛通透，但不能完全去除内膛枝条。保持树体有层次，以免影响下层枝叶采光，并为次年丰产打下基础。

对于一些长势较弱的果树，适当疏剪过长过密枝条，剪除部分不结果枝与萌蘖即可。中等长势的枝条除了剪除旺长枝条外，还要疏除顶生枝。修剪力度最大的时候要截取主枝，减少 70% 左右的枝叶。

（二）摘除嫩梢

莲雾进入开花结果期，若抽出新梢，应人工全部摘除，以免消耗养分，导致落花、落果，降低品质。

温馨提示

一般不使用生长抑制剂，以免引起着色不均和增加酸涩度及畸形果等不良症状。

第六节　花果管理

一、催花

莲雾除了正造自然开花以外，要让其提前或推迟开花必须进行产期调节，把花期提早到 8～10 月，产果期在 12 月至翌年 4 月，能避免恶劣天气的影响，使果实更大、更脆、更甜，颜色更深，而且能减少市场销售压力，减轻劳动管理强度，延长市场的供应期。

（一）控梢

催花前可采取环剥、断根、浸水、遮光、药剂处理等不同的措施来控梢，抑制营养生长。

1. 环剥

催花前 35～45 d，在主干距地 30 cm 处或支干上进行环剥，环剥的宽度依树势的强弱调整为 1.5~2.5 cm，以催花时刚好愈合最理想。

2. 断根处理

对于生长比较旺盛的树体，最好在催花前 2~3 周，环树冠内缘 30~40 cm 处，或在树冠两侧，开沟切断部分根系，待根部的伤口愈合时，在沟里埋施有机肥。或将树干附近表层土壤耙开，使长在表层的细根暂时裸露在空气中，待催花后再将土壤混合腐熟有机肥，覆盖回去。

3. 浸水处理

浸水处理在黏性土壤的果园采用较多。一般在催花前 1.5~2 个月进行全园浸水，每浸 3 周放水 2~3 d，再浸水 3 周。浸水期间，叶面补充磷酸二氢钾及钙、镁、硼等中微量元素，对于催花成功有促进的效果。坡地种植的莲雾，一般不用浸水处理。

4. 遮光处理

遮光处理作为莲雾产期调节的措施，可使开早花的稳定性大幅提高。一般在第 3 次梢叶片成熟时，进行遮光处理。遮光方式可选用单株包覆、覆盖树顶、全面覆盖及围盖四周等四种。树冠不够茂密要实施较大程度的覆盖，树冠非常茂密的只要围盖四周即可，视其花芽的分化及抽花情况而结束遮光处理。遮光率95％及90％的遮阳网，遮光 25~45 d 较普遍。树冠叶片比较茂密，则可选遮光率60％的遮阳网。4~8 月催花，遮光天数控制在 35 d 以上；9 月中旬以后催花，则遮光天数可缩短到 25~30 d。遮光处理生产投入大，耗劳力，盖后也容易引起落叶。

5. 药剂处理

采取以上的单项处理方法，效果不太理想，应该结合当地的实际情况采取综合方法进行处理。在控梢前先促使末次梢老熟，用比久或多效唑、乙烯利等药物喷后 3~5 d，然后进行环剥，再经过 10~15 d 后采取环沟断根处理，断根 10~15 d 后再用比久或多效唑、乙烯利等药物喷施叶面控梢。下雨天不能再次喷药，可再环割或环剥。直到叶面老化和顶部新梢不再长为止。

树体喷施 40％乙烯利水剂 6 000 倍液或 15％多效唑可湿性粉剂 500 倍液进行控梢，达到抑制枝梢萌发、生长的目的。土施多效唑，每株 30～40 g。叶片褪绿且变脆，枝梢养分积累充分就可进行喷药催花。多效唑在土壤中的残留时间较长，收获后应注意加强树体管理，防止树体迅速衰老。

（二）催花

1. 催花时间

催花要选在白天晴朗、早晚凉爽的天气进行，同时催花前后的天气最好也能有类似的条件。避免在台风暴雨过后催花，若催花后遇大雨则催花效果难以达到理想的程度，必须再补催一次。催花时间要观察树体的表现特征来决定：在大部分枝条末端梢停止生长，不再有幼嫩的新叶抽发；成熟的叶片叶色浓郁，叶片肥厚且叶缘向上微翘；树冠内部充满 1～2 对叶的短梢，其叶基肥大，叶尖下垂呈八字形。避开连续阴雨天气进行催花。

2. 药剂及用量

莲雾常用的催花药剂以有机磷类农药为主。一般以 50％杀螟硫磷乳油或 48％毒死蜱乳油 400～500 倍液充分喷湿全树，并在药剂中加入 0.5％尿素水溶液或 1.8％爱多收水剂 1 200 倍液、细胞分裂素800～1 000倍液效果更佳。连续喷施 2 次，间隔2～3 d，并于7:00前或 18:00 后进行，以阴天或多云天气为宜。喷药时要在叶的正反面均匀喷施。喷药后全园充分灌水，20 d 左右可长出花芽。

（三）催花后的管理

1. 催花后修剪

催花后 1 周左右进行修剪，剪去树冠上部徒长枝条、内部生长较密的枝条及直立的长枝条，以增强通风透光性，促进花芽分化。

温馨提示

催花后遇到连续阴雨天气时可将修剪的时间推迟到有花芽萌动时，以免修剪后大量新梢萌动消耗养分，影响出花。后期还要修剪掉一些没有花蕾的短小枝条，以促进花朵发育。

2. 催花后养分供应

开花的前期要注重氮的供应；花果期要配比安排主要元素及微量元素的供应；果期增施钾肥以及叶面追施各种有可能缺少的元素肥尤为重要。开花后保持园地湿润。

二、疏花、疏果

莲雾花果量大，为保证花蕾正常发育，提高坐果率，要及时疏花、疏果，减少养分消耗。

4～5年生植株，花穗一般在2 000穗以上，每穗的花蕊数一般为11～21个，商品果的生产仅需要200穗左右，并且每穗的花蕊数留6～8个较合理。为加速果实发育，增大果实，提高品质，疏去小果、劣果，选留结果部位良好的花穗，以避免擦伤、日晒。

疏花的具体操作：摘除枝条顶端的花穗或幼果，尽量留大枝干上带1～2对叶的花穗及幼果；摘除向上之花穗，尽量留向下或两侧的花穗，以免将来果实长大时果梗负荷过重而折断；摘除过大及过密之花穗，每花穗选留6～8朵小花，大的花穗以摘除中间花，留两侧花为宜，且各花穗间隔约15 cm；结幼果后，再进行适当疏果。

三、果实套袋

莲雾进行疏花、疏果后，果实处于吊钟期的幼果时，就可以进行套袋。套袋选择能防病、防虫、透气或透光、有排水孔、耐雨水或药剂淋湿的纸袋。每个纸袋内最多留 4~5 个果实，根据树龄大小决定套袋数量，一棵树套袋不超过 200~250 个。

套袋前先喷药防治病虫害，生产上可用咪鲜胺锰盐、噁霜·锰锌或甲基硫菌灵，混加吡虫啉、甲维·虫螨腈等药剂，喷施全树及幼果。待药液风干后，才可套袋。喷药当日要全部套袋完毕，未套完的果树需重新喷药防治，再套袋。如喷药后遇雨则需重新喷药。套袋后将袋口用铁线旋紧，以避免水分进入而感染病菌。

莲雾套袋可防治病虫害及鸟害，减少雨水及低温等天然灾害的影响，防日晒，防药害，减少农药污染与残毒，减少外界机械伤害。套袋的果实，发育良好，糖度增加，果实色泽更亮丽。

四、防寒

莲雾在开花、结果期间遇寒流来袭，气温降至 8 ℃以下时，叶片冻伤呈水渍状脱落，花蕾及幼果亦会受害而脱落或裂果，尤以红头期及接近采收期更易受寒害。莲雾的防寒工作除加强疏果、施肥管理使树势旺盛及多施钾肥外，可于 12 月起每两周喷 0.025%~0.5%萘乙酸钾盐，以增加对寒害的抗性。随时注意天气预报，于寒流到来前后一天再各追喷一次。清晨抽地下水喷雾，也可以防寒害，最好装设自动化管道喷雾系统。

五、防裂果与落果

保证树体营养的均衡供应，提高叶片和果实的营养水平，防止树势衰退，从而减少莲雾的落果、裂果。树冠要多留些长枝条，保持充足的水分供应，疏花、疏果时尽量使留果位置在树冠的内部，避免阳光暴晒。

坐果后用 0.1％磷酸二氢钾或多元素叶面肥每周喷洒一次。果实生长旺盛期，定期喷施细胞分裂素和氨基酸糖磷脂等一些植物生长调节剂和营养液，帮助细胞活跃来增加果皮弹性，使树势健旺，增强抗寒能力。适当补充钙和硼元素，增加果皮中钙和硼的含量。可以采用叶面喷施与根部淋施相结合，每隔 15 d 喷施一次。大雨或者连续阴雨天的情况下，采用环割能够及时控制树体对水分的大量吸收，避免落果。严重干旱或天气太冷及弱树不宜采取环割保果。

第七节 病虫害防治

一、主要病害

（一）炭疽病

1. 症状

主要危害嫩叶、嫩梢、果梗和果实，可引起落叶、枝梢枯死、落果、果实腐烂等。初期果实上产生红色小点稍凹陷，以后病斑逐渐扩大，并转为褐色，后期病斑部凹陷，显著呈水渍状，中央产生许多黑色小点。一般在高温多湿的气候条件下容易发生，夏秋季高温多雨有利发病。

2. 防治方法

发病初期用 25％咪鲜胺锰盐可湿性粉剂 2 000 倍液，或 80％代森锰锌可湿性粉剂 600 倍液，或 50％甲基硫菌灵可湿性粉剂 600 倍液喷雾。每 5～7 d 喷 1 次，连喷 2～3 次，采收前 10 d 停止用药。

（二）果实疫病

1. 症状

主要危害果实。初期在果实上产生水渍状圆形小斑点，加深而呈褐色，后期病斑呈不规则腐烂。潮湿天气，表面长出稀疏的白色霉层，病果干缩不脱落。

2. 防治方法

发病期用 50％烯酰吗啉可湿性粉剂 2 000 倍液，或 58％甲霜·锰锌可湿性粉剂 400 倍液，或 50％锰锌·氟吗啉可湿性粉剂 2 000 倍液。每 7 d 喷 1 次，连喷 2～3 次，采收前 10 d 停止用药。

（三）果腐病

1. 症状

果腐病一般发生在成熟果实或接近成熟的果实上。症状大多出现在果实伤口处或裂开的地方，初呈水渍状暗绿色斑，后全果软腐，具恶臭，果皮变白，干缩后脱落或挂在枝上或掉落在套袋里，后期整个病果干枯皱缩。

2. 防治方法

在发病初期可用 70％甲基硫菌灵可湿性粉剂或 25％吡唑醚菌酯悬浮剂或 70％甲霜灵·福美双可湿性粉剂或 72％霜霉疫净可湿性粉剂或 75％百菌清可湿性粉剂 800 倍液，或 30％王铜悬浮剂 500 倍液等进行防治，隔 10 d 左右防治 1 次，连续防治 3～4 次。

（四）藻斑病

1. 症状

危害叶片，植株染病后，叶面出现灰白或黄褐色小圆点，后期病斑呈暗褐色，表面较平滑。

2. 防治方法

适时修剪，并喷施 0.6％～0.7％石灰半量式波尔多液。

（五）煤烟病

1. 症状

主要危害叶片。在叶片表面形成一层黑色物，形如黑烟覆盖在其上，影响叶片进行光合作用，进而影响果实、植株的生长发育。由蚜虫、介壳虫等分泌物诱发。

2. 防治方法

防治蚜虫和介壳虫。

二、主要虫害

(一) 卷叶蛾

1. 危害特点

危害顶芽、嫩芽、花蕾，造成叶片卷曲、花蕾干枯、落花、落果。还蛀入果实内成一隧道，咀食种子，从果实内排出大量褐色粪便，影响商品价值。

2. 防治方法

害虫发生时，用90％敌百虫原药1 000倍液，或10％氯氰菊酯乳油2 000倍液喷雾。每7～10 d喷药1次，连喷2次，采收前15 d停止用药。

(二) 介壳虫

1. 危害特点

成虫、若虫皆密集于枝叶、叶里、叶腋、果蒂部位刺吸汁液，并排泄黏液，诱发煤烟病，引来蚂蚁共生，影响清洁。被害茎叶卷缩，生长不良，影响果实品质。

2. 防治方法

用1.8％阿维菌素乳油1 000倍液，或10％吡虫啉可湿性粉剂1 000倍液，或20％噻嗪酮可湿性粉剂1 000倍液喷雾。每7～10 d喷药1次，连喷2次，采收前15 d停止用药。

(三) 蚜虫

1. 危害特点

蚜虫以成虫、若虫群集于嫩梢、嫩叶和嫩茎上吸吮汁液危害，使叶片生长卷曲，不能正常伸展，严重时引起落花、落果、新梢枯死，其排泄物能引起煤烟病。

2. 防治方法

虫害发生时用10％吡虫啉可湿性粉剂1 000倍液，或20％啶虫脒可湿性粉剂2 000倍液喷雾。每7～10 d喷药1次，连喷2次，采收前15 d停止用药。

(四) 金龟子

1. 危害特点

成虫啃食莲雾幼叶及嫩梢，严重时可将花蕾、花及叶片啃光。多在夜间取食，次晨飞离寄生植物，以7～8月危害最多。幼虫在土中摄取腐殖质生活或危害植物根部。

2. 防治方法

可在果园内设置光诱杀或糖醋罐诱杀。也可用高效氯氰菊酯、毒死蜱等药剂，16：00以后喷药。在金龟子出土高峰期用50％辛硫磷乳油或2％噻虫啉微囊粉剂500～600倍液喷洒树盘土壤，能杀死大量出土成虫。

(五) 红蜘蛛

1. 危害特点

红蜘蛛用刺吸式口器刺吸莲雾的叶片、嫩枝、花蕾及果实等器官，但以叶片受害最重。叶片被害后，危害较轻的产生许多灰白色小点，严重时整片叶子都出现灰白色，引起落叶，对莲雾树的树势与产量有较大的影响。

2. 防治方法

用40％硫黄悬浮剂300倍液，或1.8％阿维菌素乳油3 000倍液，或73％炔螨特乳油2 000～3 000倍液喷雾。害虫发生时，每隔7～10 d喷药一次，连喷2次。采收前15 d停止用药。

(六) 果实蝇

1. 危害特点

幼虫孵出即蛀食果肉，致果实早熟腐烂脱落，失去商品价值。

2. 防治方法

虫害发生时可用20％灭蝇胺可湿性粉剂800倍液喷雾。

（七）蓟马

1. 危害症状

主要危害叶部，多聚集在莲雾叶背，造成叶片卷曲、锈化，终至变黄脱落。其排泄物沾在叶面上，易引来杂菌寄生，污染叶面，阻碍光合作用。如不注意防治，影响树势，导致落果提早、开花结果延迟及产量下降。

2. 防治方法

用10％吡虫啉可湿性粉剂1 000倍液，或8％阿维菌素乳油1 000倍液，或25％高效氯氟氰菊酯乳油2 000倍液，或2.5％溴氰菊酯乳油1 500倍液，或25％氟胺氰菊酯乳油3 000倍液等药剂喷雾。虫害发生时，每隔7～10 d喷药一次，连喷2次。采收前15 d停止用药。

第八节 采 收

一、果实采收

莲雾果实套袋后经过30～50 d即开始变红，果实充分成熟才能采收。果实出现品种固有色泽、果脐展开时，开始采收。提早采收，风味不好，品质欠佳；但过熟易裂果、落果。莲雾开花结果期长，应每隔2～3 d采收1次。采收时用枝剪从果枝基部连同果袋剪掉，低处直接用手采摘，高处宜利用梯子采收。装筐后统一运送到包装场，装果的塑料桶或小竹筐底层及边层都应填放塑料泡棉或麻布袋。采收及运送过程中应轻拿轻放，避免碰伤、压伤果实。

二、采后商品化处理

莲雾以鲜食为主。果皮极薄，果肉含水分多，不耐贮藏，一般室温下贮放 7 d 左右。

采收后挑选出裂果、烂果，再按品种、果实大小、色泽进行分级包装。包装箱内果顶向下平放，每层果都垫纸屑或软布，保护果皮。在 12～15 ℃温度下贮藏。冷藏后的果品风味更佳，能减少病菌侵染引起的果腐，提高好果率和价值。

第七章 毛叶枣

毛叶枣，又名青枣、印度枣、滇刺枣、缅枣，为鼠李科枣属植物，是热带、亚热带常绿或半落叶性阔叶灌木或小乔木，原产于印度等热带地区以及我国云南等地。目前，毛叶枣主要分布在印度、中国、泰国、越南、缅甸等地。我国主要产地集中在云南、海南、广东、广西、福建和台湾。毛叶枣适应性强，早结丰产性好，当年种植当年结果，第 2 年即可进入丰产期，是木本果树中生长结果最快的种类之一。一年可多次开花，产量稳定。

第一节 品种介绍

一、品种分类

毛叶枣的分类目前多以产地来划分，通常划分为印度品种群、台湾品种群、缅甸品种群 3 个品种群。印度、缅甸品种群因其果小且外形不够美观等，综合商品性状较差，目前生产上难以推广。

二、主要品种

1. 脆蜜

果实长椭圆形，果顶较尖，果色翠绿色，清甜多汁。单果重 100~200 g，可溶性固形物含量 13%~16%。果实成熟期为 12 月中旬至翌年 2 月上旬。

2. 天蜜

果实长椭圆形，果顶较平，果色浅绿色。单果重 100～200 g，可溶性固形物含量 14％～18％。脆甜多汁，似蜜梨，耐贮运。

3. 大蜜

果实桃形，肉质细嫩，果皮黄绿色。单果重 100～200 g，可溶性固形物含量 16％～21％，耐贮运，但管理技术要求高，容易受气候影响产生珠粒果。

4. 蜜王

果实椭圆形，色泽翠绿。单果重 200～400 g，可溶性固形物含量 14％～18％，蜜香脆甜，多汁，质极佳，产量高，适应性强。果实成熟期为 12 月下旬至翌年 2 月中旬。

5. 蜜枣

果实近圆形，平均单果重为 80～110 g。从授粉到果实成熟需 115～135 d。果皮浅绿色、光滑，果肉较致密，果实口感较其他品种脆甜，甜度较其他品种高。

6. Umran

印度品种，晚熟。树冠开展，叶色深绿，叶顶或近叶顶部扭曲。果实卵形，皮光滑，金黄色。平均单果重 32～60 g，可溶性固形物含量 19.5％，核小。

7. 世纪枣

果实长卵圆形，单果重约 300 g。果皮薄但较粗糙，呈青绿色。果肉细嫩、清甜多汁，果实完全成熟后仍清甜可口，品质优良。抗白粉病，枝条无硬刺，便于管理。

8. 大世界

果大，130～200 g 果实味甜、质略粗，比脆蜜皮厚，耐贮运，但外观不及脆蜜，属晚熟品种。

第二节 壮苗培育

毛叶枣苗木的繁殖有嫁接、扦插、组织培养、空中压条等方法,生产上多采用嫁接繁殖。

一、培育砧木实生苗

毛叶枣栽培品种的种子发芽率极低,不足 10%,不宜作为砧木种子。常用毛叶枣野生种,如越南毛叶枣、缅甸毛叶枣等的种子进行育苗作为砧木。取种用的果实应充分成熟,种子取出后,立即洗去果肉,晾干备用。毛叶枣种子不耐贮藏,随采随播。为提高种子的发芽率,播种前先浸种。用 1% 甲基硫菌灵和 100 mg/L GA_3 的 50 ℃ 温水浸泡 24 h 后晾干,播种于沙床。经 15～20 d 开始发芽,2～4 叶时移入育苗袋或苗圃。苗期易产生猝倒病,出苗后 3～4 d 喷 1 次 75% 百菌清 500～700 倍液预防。

二、嫁接

苗高 30～45 cm、茎粗 0.4～0.5 cm 即可嫁接。嫁接方法常用切接、靠接、枝腹接和芽片腹接等,适宜嫁接时期为 4～9 月,以 5 月为最好。靠接全年均可进行。影响嫁接成活率最主要的环境因素是温度和湿度。嫁接高度离地面 10 cm 左右,砧木保留叶片 2～3 片。接穗应选择无病虫害、生长充实的枝条,荫蔽的弱枝或刚收果的枝条均不宜采用。接穗采下后将叶片剪去,保留 0.3～0.5 cm 长的叶柄,挂好标签标明品种,用塑料布、湿毛巾包好,保持接穗的新鲜。从外地采集接穗,要严格检疫,防止危险病虫传播。采回接穗后及时嫁接,也可暂存于 5～7 ℃ 的环境或埋到阴凉处的湿沙里,存放 3～5 d 不影响嫁接成活率。从采集运输到嫁接完成一般不宜超过 10 d。包装后和运输中要忌高温和阳光直射。

三、嫁接苗的管理

嫁接成活后要及时抹去砧木上的不定芽，减少养分消耗。抽出 1 轮新叶后，施 1 次稀薄粪水，以促进嫩梢生长健壮整齐。以后每 15 d 施肥 1 次，以水肥为主。天气干旱时要及时淋水。新苗萌发新梢 2～3 次、枝叶老熟健壮时，即可出圃种植。

四、苗木出圃

出圃质量好坏直接影响到定植后的成活率及幼树的生长。苗木出圃以 3～5 月为主，也可在 9～10 月出圃，袋装苗或带土团苗一年四季都可出圃。应避开低温干旱的冬季和高温的 7～8 月出圃。优质苗的标准：品种纯正，嫁接部位离地面 10～20 cm，嫁接口愈合良好，无瘤状突起；嫁接苗高 80 cm 以上；末次梢充分老熟，无病虫害。

第三节 建 园

一、园地的选择

毛叶枣适宜在年均温 20 ℃以上、冬季无霜冻的热带和南亚热带地区栽植。毛叶枣怕涝忌渍，山坡地栽植一定要选择向阳面。毛叶枣对土壤的适应性较强，生产园要求土层厚度至少有 80～100 cm，有机质至少在 1‰以上，否则要进行土壤改良。毛叶枣适宜的土壤酸碱度为微酸性至中性。

二、园地的开垦

水田、冲积地栽植毛叶枣，一定要降低地下水位，增厚根系可生长土层。在地下水位低而土质疏松肥沃、容易排灌的水田和冲积地建园，可采用低畦浅沟式。在地下水位高、排水不良的水田或平地建园，宜采用高畦深沟式。在丘陵山地建园，宜建筑等高梯田并改良土壤，同时要求果园有灌溉系统。

三、栽植

（一）品种的选择

选用主栽品种，不但要考虑果实的商品品质，还要考虑其丰产性和抗逆性，同时要考虑早、中、晚熟品种的配置，以延长供果期。

（二）授粉树的配置

毛叶枣为异花授粉植物，若品种单一，往往授粉不良，造成大量落花落果。为了使新建果园高产、稳产，在选定主栽品种后要合理配置授粉树，使品种、距离、数量恰当。毛叶枣开花有两种类型：一种是上午开花型，即雄花上午开，雌花下午开，如高朗 1号、玉冠、脆蜜等；另一种是下午开花型，即雄花下午开，雌花翌日上午开，如新世纪、大世界等。雌花在花瓣展开后 4 h 才能授粉，因此在选择授粉树时应着重考虑授粉品种与主栽品种的开花时间，如高朗 1 号，通常以新世纪作为授粉品种，玉冠则不佳。授粉树与主栽品种的比例一般为 1∶（6～8），两者距离不能超过 50 m。

（三）定植时间及种植密度

袋育苗全年可定植；裸根苗宜于雨季初期进行定植，如水源方便，可在早春适时抗旱定植。如广东、广西等地 3～4 月种植较好管理，当年可结果。

种植密度：一般在肥水条件较好的平地或缓坡地每 667 m^2 种植 33 株，株行距 4 m×5 m，而在肥水条件较差的土壤和山地一般株行距 4 m×4 m，3.5 m×5 m 或 3 m×4 m，每 667 m^2 种植 41～45 株。也可初植时适当密些，第 3 年后进行疏伐。

(四) 定植方法

在定植前要进行苗木处理，一般将苗木按主干粗度和苗木高度分为大、中、小 3 级，同级苗木种在同一地段。定植前或定植后将苗在 30～40 cm 高处短截，作为主干。袋装苗和带土团苗一般需疏除 2/3 的叶片；裸根苗则将叶片全部剪去，仅留下叶柄。为促进侧根生长，主根留下 30 cm 左右后将过长部分剪去。

> **温馨提示**
>
> 主根严重被撕裂、创伤及侧根过少的苗木和过分瘦弱、嫁接不亲和、嫁接口已形成小瘤的不合格苗木都要挑出，不要定植。

定植袋装苗和带土团苗时把苗放入定植穴，轻轻地用利刀割去包装袋，尽可能不松动根际泥团，然后一手扶苗，使苗根颈部与树盘表面基本齐平，将树根部位压实。若种的是裸根苗，则按主、侧根长度挖好定植小穴，让主根和侧根分层自然舒展，先用碎土填埋固定主根，再按层次将侧根逐一压埋，最后用细土填塞满主根与侧根之间的空隙，让细土与根系充分接触，分层压实时要由外向主干逐步压实，填土至原根颈处为宜，栽好后在四周做一树盘，淋透水，水渗下后立即培土以防水分蒸发和苗木动摇，然后用稻草覆盖树盘，起到保湿、降温、防止表土板结和抑制杂草生长的作用。

(五) 栽后管理

1. 肥水管理

定植后若不下雨，则应前期每天淋水 1 次，后期每 2～3 d 淋水 1 次，直至新叶萌发转绿。追肥可在第一新梢转绿老熟后进行，合理间作豆科作物，留足树盘，及时中耕除草。

2. 幼树整形

毛叶枣树冠一般呈开心形，定干高度在 40～60 cm，定干后要及时疏除丛生枝、密生枝、下垂枝，留作主枝的枝梢长至 30～40 cm 时摘心，促发二次枝成为当年主要结果母枝。

3. 病虫防治

主要防治白粉病、红蜘蛛、毒蛾、金龟子等，以使毛叶枣树苗生长健壮。

第四节　水肥管理

一、水分管理

（一）灌水

毛叶枣有以下几个关键需水期：萌芽及新梢生长期、幼果膨大期和果实第二次快速膨大期。一般做法是修剪后立即灌水，至花前半个月保持果园湿润，然后保持 1 个半月左右的干旱，坐果后幼果直径 1.5 cm 左右时开始灌溉，此期若天旱无雨，应 10～15 d 灌水 1 次，并采取覆盖保湿或穴贮保水等措施，让果园保持经常性湿润。灌溉方法有沟灌、树盘浇灌、喷灌和滴灌等。

（二）排水

毛叶枣不耐涝，果园忌积水，尤其是低洼地和土壤黏重或杂草多的园地。必须在雨季来临之前清理排水系统，清除杂草，做到明暗沟排水畅通。对于地下水位较高的果园要起高畦，开排水沟，以降低水位和增强排水。

二、肥料管理

（一）基肥

基肥施用量占全年施肥量的 50% 左右。树苗栽植时施足基肥，以后每年采收后施一次基肥，施肥量每株腐熟农家肥 30～40 kg、麸肥 1.5 kg、磷肥 1 kg、钾肥 0.5 kg、镁肥 0.25 kg。基肥在树冠周围挖环沟施放，沟宽 20～30 cm，深 30～40 cm。以后随着树龄增加，基肥施用量适当增加。

（二）追肥

1. 壮梢肥

以抽生新梢为主，1 年生树每株每次施复合肥 0.1 kg 加尿素 0.05 kg，2 年生树每株每次施复合肥 0.2 kg 加尿素 0.1 kg。以后随着树龄增大，追肥量适当递增。成年果树，可参考氮、磷、钾的比例为 2∶1∶1，每株树施 1.5 kg 复合肥、0.5 kg 尿素，分 3 次施肥，每月 1 次。

2. 促花肥

毛叶枣大量开花结果期为 9～10 月，促花肥应提早 1～2 个月施用。施用量相当于每株施复合肥 0.5 kg、尿素 0.15 kg、氯化钾 0.15 kg、硫酸镁 0.1 kg、硼砂 50 g，分 2 次施用。氮、磷、钾的适宜比例为 2∶1∶2。

3. 壮果肥

幼果期可偏重施氮肥，以利于果肉细胞增殖；果实膨大期应增施磷、钾肥，以促进果实增大，提高品质。氮、磷、钾的比例为 2∶1∶4，每株树施 1 kg 复合肥、0.3 kg 钾肥、0.25 kg 尿素、0.1 kg硫酸镁、50 g 硫酸锌，分 3 次施肥，每月 1 次。

（三）根外追肥

毛叶枣对镁、硼、锰、钙和锌的需求也较多，特别是对镁的需求尤为重要。缺镁容易引起树势衰弱，叶片黄化脱落。缺硼果实内部果肉呈水渍褐色硬块斑状，严重者种子发育不全，变成黑褐色，果实外观呈畸形，果皮有肉刺，尾尖或裂果。

新梢老熟至初花期，需要施叶面肥，施肥可以喷洒 0.2％磷酸二氢钾、0.2％尿素，每 20～25 d 喷洒 1 次。初花期至果实成熟期，每 10～15 d 喷 1 次 0.25％硼砂加 0.1％硫酸镁、硫酸锰和硫酸锌，以防缺素症出现。

第五节　整形修剪

　　毛叶枣侧枝多斜向生长，枝梢柔软、细长、脆弱，挂果量大，易受风害折断枝干。要合理整形修剪才能形成良好的树形，便于通风采光，减少病虫害，提高产量和品质。

一、整形

　　根据毛叶枣的生长特性和喜光的要求，毛叶枣适合三主枝自然开心形和多主枝自然开心形的树形。三主枝自然开心形树冠，无中心主干，树干高度 30～40 cm，选留 3 个均匀分布的新梢作为三大主枝，主枝基角 45°～60°，形成开心形。随后在主枝上交互形成二级分枝，侧枝继续抽发三、四级分枝的新梢形成当年结果枝。多主枝自然开心形树冠特点是干高 30～40 cm，主枝 4～5 个，每主枝留侧枝 3～4 个，主枝基角 45°～60°，其他与三主枝自然开心形相同。

二、修剪

（一）主枝更新修剪

　　2 年生以上的毛叶枣，果实采收后，需对主枝进行回缩更新。

1. 短截主枝更新法

　　每年春季收果后，将主枝在原嫁接口上方 20～30 cm 处锯断，新梢长出后，留位置适当、生长粗壮的 3～4 条枝梢培育成主枝，主枝上发生侧枝，侧枝上形成结果枝，长成原有的三主枝自然开心形树冠。

2. 预留支架更新法

　　将主枝留 1.5 m 短截，并剪去主枝上所有侧枝，然后于主枝基部约 30 cm 处环剥，宽 5～10 cm。主枝剥口下方萌芽，选留靠近主干处的 1 个壮芽，将其所发新枝引缚于原主枝上，培育成当年的新主枝。随后主枝上发生侧枝，侧枝上形成结果枝，连续使用 2 年后锯去。

3. 嫁接换种更新法

毛叶枣易发生芽变和自然杂交，新品种层出不穷，加上毛叶枣嫁接换种简易，嫁接后当年就可开花结果，同时也起到更新树冠的作用，因此嫁接换种更新法常被果农采用。采果后，在主枝离地面 30～60 cm 高处锯断，用腹接法或切接法在每个主枝上接上优良品种的接穗。腹接法由于可不用剪砧，因此可提早在采果前进行，采果后再将接口以上锯去。

（二）长梢修剪

有些果农为提早开花或减轻劳作，于果实采收后实施长梢修剪，即把旧主枝留 1～1.5 m 长，剪除其上所有的枝叶。待 1 个月后主枝上长出新梢，成为结果母枝。待其长至 50 cm 左右时再摘心，促使萌发新梢成为主要结果枝。

（三）枝梢修剪

一般从 5～6 月开始进行，直至 11 月全部果实坐果后结束，将交叉枝、过密枝、徒长枝、直立枝、纤细枝、病虫枝、拖地枝剪去。到 11 月若结果已相当多，可将枝梢尾部幼果或花穗剪去。

三、搭架固枝

毛叶枣树形开张，枝软，常低垂易断。另外，由于枝梢上有刺，枝随风而动，常把果实划伤，影响外观。需立支柱或四周搭架将果枝绑缚固定。

（一）竹架

棚架高度控制在 80～180 cm，依树龄和主干高度不同而定。棚架宽度一般占树冠的 80%～90%。在树冠四方各垂直固定 1 根竹竿，再于两直立竹竿间横绑一竹竿，支撑下垂的结果枝。竹架易霉烂，2~3 年需更换 1 次。

（二）水泥柱架

预制成 8 cm×10 cm×250 cm 规格的水泥柱，柱的一端顶部预留 1~2 个直径为 1 cm 的孔洞。把水泥柱按 3~4 m 的间距立于行间，有孔的一端向上，柱入土 50 cm 左右。用粗铁线穿于孔洞之间，以粗铁线为骨架，再用稍细铁线织成一离地约 2 m 高的水平网状棚架，网孔径 50 cm 左右。或用竹竿代替粗铁线，组成水平棚架。

毛叶枣回缩更新后，培育 3~4 次分枝，把枝条引上棚架。水泥柱架高度要适中，便于栽培管理。枝条上架后平铺于网架上，增加了植株的通风采光能力，可提高果实产量和品质。水泥柱架不需更换，虽一次性投入比竹架高，但使用寿命较长。

第六节　花果管理

一、产期调节

毛叶枣的成熟期比较集中，果实贮藏期较短。毛叶枣的产期调节方法有早晚熟品种搭配、延长光照时间、调整主干更新时期、长梢修剪等。

（一）早晚熟品种搭配

利用不同品种开花特性及果实成熟期的长短而使产期错开。利用早熟品种与晚熟品种搭配，可分散产期 1~2 个月。

（二）延长光照时间

2 月中旬对毛叶枣进行主干更新嫁接，6 月进行夜间灯照，可将产期提早至 10 月中旬，较正常产期提早 2 个月左右。夜间光照处理光源设置高度为树高之上 2 m，每公顷设置 40 W 日光灯 70 盏，灯照时间以自动开关或感光器控制，进行全夜照射，从第 1 天的 18:00 至翌日 6:00，补光 12 h，连续补光 40~45 d。补光前，若枝条发育成熟度不够，就会影响开花及坐果。一般在主干更新后100～120 d 以上，经肉眼观察枝梢花苞已形成时再进行灯照较佳。

二、疏果

毛叶枣花果量大，初期 1 个花序能坐 4～5 个果，因营养竞争，自然落果后余 1～3 个果。自然落果后仍然结果过多，需要人工疏果。疏果要尽早进行，确保留下的果实有充足的养分供应。疏果分 2～3 次进行。第 1 次于生理落果停止后进行，疏去过密果、细小果、黄果、病果，每花序留 2 个果。此外，结合修剪，把结果过多的纤细枝、徒长枝、近地枝剪去。第 2 次疏果于果实纵径 2.5～3.0 cm 时，严格按照每花序留 1 个果或 2 张叶片留 1 个果的原则疏果，将枝条尾部花穗和幼果剪去。经过疏果的植株，所结的果实大小均匀，个头较大。

三、果实套袋

果实套袋能减少病虫危害，明显改善外观品质，增大单果重。套袋材料多用塑料薄膜袋，但存在果实含糖量降低的问题。套袋一般结合定果进行，即一边疏果定果一边套袋。为防止袋中积水，可在袋子底部打 1～2 个小孔。由于果实糖分在采前 1 个月增加明显，为缓解套袋对果实糖分下降的影响，可在采前 30 d 剪袋，剪袋最好在下午和傍晚进行，避免在中午作业。

第七节　病虫害防治

一、主要病害

(一)白粉病

1. 症状

该病是毛叶枣最主要的病害。发病初期在叶背出现白色菌丝，叶片正面出现褪绿或淡黄褐色不规则病斑。受害叶片后期呈深黄褐色，易脱落，主要危害果实、叶片和嫩枝。发病后叶片卷缩，果实皱缩，致使产量降低，品质变劣。

2. 防治方法

每年采果后对毛叶枣植株进行修剪，将病枝全部剪除，并集中喷药处理后粉碎沤肥。发病初期用 30% 石硫合剂 600 倍液、25%三唑酮可湿性粉剂 1 200 倍液、75% 百菌清可湿性粉剂 500～700倍液，每 15 d 喷洒 1 次，连续喷洒 2～3 次。

（二）根腐病

1. 症状

在根部造成危害，使根部死亡，表皮或皮层内部布满菌丝，菌丝亦可继续往上生长，直到树干基部，危害茎外围部分组织，使接穗枯死，受害树新叶呈淡黄绿色，严重者全株逐渐枯死。

2. 防治方法

及时挖出病株。发病早期，将病根切除并用 3% 甲霜·噁霉灵水剂 1 500 倍液或 70% 甲基硫菌灵稀释液等喷淋。

（三）黑斑病

1. 症状

该病主要危害叶片，其主要症状是先在叶背产生零星黑色小斑点，以后逐渐扩大，成圆形或不规则黑斑，直径 0.5～6 mm。严重时病斑可联合成片，在叶片背面呈现煤烟状的大黑斑，叶面则呈现黄褐色斑点。受害叶片呈卷曲或扭曲状，易脱落。造成果实变小，品质下降。幼叶较易感染。

2. 防治方法

在叶背出现淡黑色小斑点时，使用 75% 百菌清可湿性粉剂600～800 倍液，或 80% 代森锌可湿性粉剂 600 倍液，或 20% 三环唑可湿性粉剂 600 倍液，或 70% 甲基硫菌灵可湿性粉剂 800 倍液，均可有效控制该病的发展。

（四）疫病

1. 症状

果实表面形成褐色水渍斑，后期表面布满白色菌丝和孢囊，并造成落果。疫病的发生与降水量有密切的关系，雨季发病较多，旱季则发病较少。果园灌溉不当，土壤过湿时，也会引起发病，接近地面的果实易感染。

2. 防治方法

需摘除病叶，药剂选用可参考毛叶枣黑斑病进行。

二、主要虫害

（一）螨类

1. 危害特点

以若螨、成螨食害叶片，被害处叶绿素消失，呈褐色或红褐色，叶片变为黄色，最终导致大量落叶；危害果时，使果面产生粗糙的褐色疤痕，对外观、品质影响较大。

2. 防治方法

可用 20％哒螨灵乳油 2 000～3 000 倍液，或 2％阿维菌素乳油 2 000 倍液，或 20％甲氰菊酯乳油 2 000～3 000 倍液等喷洒防治。交替用药，采收前 10 d 停止用药。

（二）毒蛾

1. 危害特点

幼虫群聚取食叶片表皮，四龄后各自离散，寻找新的部位如叶片、花穗、果实等取食危害。幼虫的毛有毒，触及皮肤会发生红肿痒痛。

2. 防治方法

发生数量多时，可用 90％晶体敌百虫 600～800 倍液，或 2.5％溴氰菊酯乳油 3 000 倍液，或 50％敌敌畏乳油 1 000 倍液，或 50％氰戊·辛硫磷乳油 1 500～2 000 倍液喷雾防治。

（三）介壳虫

1. 危害特点

成虫和幼虫都聚集于枝、叶、叶腋、果实或潜伏于松脱的皮层下，被害叶卷缩，生长不良，并排泄黏液，诱发煤烟病，引来蚂蚁。

2. 防治方法

可选用 45％马拉硫磷乳油 1 500 倍液，或 2.5％溴氰菊酯乳油 3 000 倍液，或松脂合剂 10～15 倍液喷雾防治。

（四）毛叶枣叶蝉

1. 危害特点

主要以成虫和若虫在叶背刺吸汁液，初期在叶面上产生黄色斑点，严重时叶片枯萎，同时还分泌蜜露，诱发煤烟病，影响光合作用。

2. 防治方法

可选用 45％马拉硫磷乳油 1 500 倍液，或 20％异丙威乳油 800～1 000 倍液，或 4.5％高效氯氰菊酯乳油 2 000 倍液，或 25％灭幼脲悬浮剂 2 000 倍液等药剂进行喷雾。一般每隔 10 d 左右喷 1 次，连续 2 次。

第八节　采　　收

一、采收时间

毛叶枣成熟期从 11 月至翌年 3 月，多集中于 1～3 月。果实颜色由绿色转为鲜绿色、淡绿色或黄绿色时就进入采收期。过早采收，果实内的营养成分还未完全转化，风味淡；过熟采收，则果肉松软，缺乏风味，品质下降。因果实成熟不一致，应分期分批采收。

采收最好在温度较低的晴天早晨露水干后进行。雨天、露水多时采收，果面水分过多，易滋生病虫，大风大雨后应隔 2～3 d 采收。若晴天烈日下采收，则果温高，呼吸作用旺盛，贮藏寿命缩短。

二、采收方法

采收时要尽量保留果梗，带有果梗的果实在贮藏过程中比不带果梗的果实重量损失少得多，其成熟过程慢一些，贮藏寿命也相应长一些。保留果梗可用果剪齐果蒂将果柄平剪掉。

采收的果实要放在阴凉处，进行果实初选，拣出病虫果、畸形果、过小果和有机械伤的果实，然后根据果实大小进行分级包装贮运销售。毛叶枣的商品分级一般分为 3 个等级，分别为优级、一级、二级。不同的果品等级，其要求不同。优级果实，每千克果数≤6 个；一级果实，每千克果数≤10 个；二级果实，每千克果数≤20 个。

三、采后处理

(一)药剂处理

果实采收后，用 25% 咪鲜胺乳油 800 倍液，或 40% 双胍三辛烷基苯磺酸盐 1 000 倍液，或 50% 多菌灵悬浮剂 1 000 倍液浸果 1 min，能有效减少贮藏期间果实重量损失，延长贮藏寿命。

(二)低温贮藏

成熟果实采收后，套保鲜膜袋，置于 5～10 ℃条件下，能有效减少贮藏期间果实重量损失，延长贮藏寿命。其缺点是取出后置于常温下极易失水和变褐。

第八章 番石榴

番石榴又称芭乐、鸡屎果，为桃金娘科番石榴属热带、亚热带果树。原产南美洲，我国台湾、海南、广东、广西、福建、云南、四川等地区均有栽培。果实营养丰富，可鲜食，可用于加工。番石榴具有适应性强，结果早，丰产稳产，易成花，花期长，果实成熟采收期长，易进行产期调节等特点。

第一节 品种介绍

一、主要种类

(一) 普通番石榴

普通番石榴简称番石榴，是番石榴属中分布最广、栽培最多的一个种。热带常绿小乔木或灌木，无直立主干。叶对生，全缘，长椭圆形或长卵形，叶上表面暗绿色，下表面颜色较浅，有茸毛，叶脉隆起。成熟果淡黄色、粉红色或全红色；果肉白色、淡黄色或淡红色。

(二) 草莓番石榴

草莓番石榴为小乔木，叶呈椭圆形或倒卵形。花白色，单生。果呈倒卵形或球形，种子多，果实比普通番石榴细小，呈紫红色或黄色，有草莓味，供鲜食或加工果汁、果冻等。

(三) 巴西番石榴

巴西番石榴为大灌木。叶片大,呈长椭圆状卵形。花2~3朵,叶腋丛生。果实黄绿色,卵形或长椭圆形,果肉白,果小。丰产,品质较好,耐寒。

(四) 哥斯达黎加番石榴

哥斯达黎加番石榴为大乔木,树皮暗褐色。叶呈卵形或长椭圆形,表面深绿色,主脉突出。花径约2.5 cm,单花腋生。果圆形,肉薄,白色,味带酸,无香气。种子少。成熟果果胶含量高。抗线虫及凋萎病,可作为番石榴砧木。

(五) 柔毛番石榴

柔毛番石榴果小,淡黄色,稍有草莓香气。未充分成熟果可制作优质果冻。幼苗耐寒性差,易受根线虫危害。

二、主要品种

(一) 珍珠番石榴

珍珠番石榴是目前栽培最多的品种。果实为梨形至椭圆形,果实光滑,果皮淡绿色,果肉白色至淡黄色,果大,单果重350~500 g。果肉质地细腻,糖度高,风味佳,品质优,缺点是在夏季高温期果实成熟快,果肉易软化,脆度变差。

(二) 翡翠番石榴

翡翠番石榴果形为洋梨形,缝合线明显,果肉较同类番石榴品种厚;果实单果重400~500 g,大于同类番石榴品种,成熟时果皮呈白绿色,有光泽。果肉白色,肉厚,肉质脆嫩化渣,风味清甜。

(三) 胭脂红番石榴

胭脂红番石榴,色泽鲜红,果实肉厚,爽脆嫩滑,是以鲜食为主的水果品种。该品种适应性强,粗生,易管,生长快,一般种植两年即可收获。

（四）水晶番石榴

水晶番石榴是泰国大果番石榴的一个变异无籽品种。植株生长发育较慢，不宜过度修剪。树形略开张，枝条脆而易折。果实呈扁圆形，果面有不规则凸起，果形不对称；果肉质脆，糖度高。自然坐果率较高。缺点是果实外观较差，产量偏低，抗病性差，果实易感炭疽病和疫病等。

（五）台农1号番石榴

台农1号番石榴，易抽生结果枝，坐果稳定。果实较珍珠番石榴大，单果重390～530 g。果肉极脆，糖度高。果实在夏季高温不易软，耐贮藏。缺点是果肉质地略粗，果腐率高。

（六）金斗香番石榴

金斗香番石榴，生长速度很快，结果周期短。果实呈卵圆形，果实外皮为黄白色，果肉颜色洁白如玉，质地细嫩、软滑，具有香气浓郁、风味独特的优点。

第二节　壮苗培育

一、实生苗培育

供育苗的种子应采自优良品种、丰产优质母株及充分成熟的果实。果实采收后让其腐烂，取出种子洗净，浮去不实粒，晾干即播。番石榴种子生活力在室温下虽可维持1年以上，但新鲜种子生活力强、发芽率高、长势好，一般随采随播。

番石榴种子外壳坚硬，不易吸水，播前浸种催芽的时间要长，待种胚外露时播种，发芽率高且整齐。播前用赤霉素浸种可缩短发芽时间，提高发芽率，加快幼苗生长。番石榴种子小，若苗床直接播种，土应细碎平整，盖上细土或沙后再均匀撒播，覆盖细土约0.2 cm厚，之后盖草并淋透水，以后每天淋水1～2次。也可先用沙床播种，播后 30～40 d 发芽，长至 2～3 对真叶时，移植于营养袋或苗床。若营养袋育苗，用肥沃表土加少量沤过的猪牛粪和磷肥作为育苗介质，移植后保持湿润，苗高 10 cm 左右开始每月施肥 1 次。苗高 40 cm 以上可供嫁接或定植。一般秋播，也可春播。

二、嫁接育苗

番石榴苗茎粗 0.7 cm 时进行嫁接，一般用芽接、枝接。嫁接时间以冬、春季为宜。芽接时期为 3～5 月。嫁接成活率的高低除与嫁接技术和嫁接时期有关外，接穗及砧木是否健壮亦影响很大。接穗不宜过老和过嫩，以刚脱皮的枝条为宜。取接穗前 10～15 d 摘去叶片，待芽将萌发时再剪取供嫁接，效果最好。芽接后 25～30 d 解绑，接芽愈合成活后剪砧，以促进接穗萌发生长。嫁接成活后培育 1 年左右，出圃定植。

三、高空压条育苗

选直径 1.2～1.5 cm 的 2～3 年生枝条，在离顶端 40～60 cm 处做环状剥皮，宽 2～3 cm。环剥处涂抹生根粉，或用适宜浓度的吲哚乙酸（IAA）、吲哚丁酸（IBA）、萘乙酸（NAA）等处理，都能促进早发根、根量多，提高成活率。枝条环剥处包上生根介质，保持湿润。细河沙、田园土、腐叶土、椰糠、苔藓等都可以作为生根介质。生根介质用黑色塑料薄膜包扎比白色塑料薄膜更易生根，存活率也高。50～60 d 新根密集即可锯离母株，用营养袋进行假植。假植时剪去大部分枝叶，防止太快发新芽加剧地上部与地下部的不平衡，导致新梢"回枯"，苗木枯死。还要适当遮阴，调控水分，初期防晒、防过湿烂根，后期防水分不足生长衰弱。

四、扦插育苗

扦插育苗时剪取茎粗 1.2～1.5 cm 的 2～3 年生枝，长 15 cm，于 2～4 月扦插，成活率约 60％。也可用根扦插育苗。番石榴的插条，保留 3 个以上的节，上端平切口，下端斜切口。喷洒 40％三唑酮 300 倍液，或 5％菌毒清 300 倍液杀菌。插条下端放入生根剂溶液中浸泡 5 s 或 0.05％吲哚乙酸溶液中浸泡 2 s 或 0.05％萘乙酸溶液中浸泡 3 s 后，下端插入基质。插条的行株距为30 cm×12 cm，可斜插可直插。入土深度以上端芽点高出基质1～2 cm 为宜。扦插后浇透水，苗床温度保持在 28～32 ℃，覆盖遮阳网。

第三节 建 园

一、园地选择

番石榴适应性强，但喜温怕冻，最适生长温度是 23～28 ℃。建园时，选择光照充足，空气流通且没有霜雾的地区，要求土层深厚、排水良好的沙质土，交通便利，并且具备灌溉条件。由于番石榴果实不耐贮运，故果园应建于大、中城市附近及交通方便地区。

二、种植穴准备

土壤深翻 40 cm，整地时应确保土地平整。平地双行或单行起垄种植。番石榴的种植密度因品种、土质、栽培管理方式和管理水平而定。一般以宽行窄株的栽植方式为主。早熟品种及山地土质较瘦者可较密，一般株行距（3～3.5）m×4 m；中、迟熟品种及平地土质较肥者，株行距 4 m×5 m 或 4 m×6 m，为夺取早期丰产，并实施强剪栽培的，可适当密植，株行距为 2.5 m×3 m 或 2 m×3 m。定植前一个月，按照株行距，挖 0.8 m×0.6 m 大小的定植穴，并在每个定植穴内施入 15～20 kg 的腐熟有机肥、过磷酸钙或钙镁磷肥 1 kg。肥料与表土混匀后回填，高出地面 20 cm，栽植穴内土沉实后，开展栽植工作。

三、栽植

栽植苗木要选择 1 年生的嫁接苗，株高不能低于 0.5 m，嫁接口的主干直径要控制在 1 cm 以上。栽植前，将主干按照一定的标准适当短截，一般保留 40～50 cm 即可。栽植后踩实植株根部的土，浇透定根水。风大的地区，还要架立柱防风吹摇动折断嫩茎。最后在根盘覆盖上稻草或黑色薄膜，起到保湿和防杂草生长的作用。

第四节　肥水管理

一、肥料管理

研究表明，每生产 100 kg 番石榴鲜果所带走的养分为：氮 1.83 kg、磷 0.39 kg、钾 1.62 kg、钙 0.90 kg、镁 0.22 kg、钠 0.24 kg。其氮、磷、钾、钙、镁比为 1：0.21：0.89：0.49：0.12。番石榴养分需要量与品种、产量、修剪程度等因素有关。番石榴产量越高，修剪程度越重，所需的养分量越多。

(一) 幼树施肥

番石榴生长较快，投产较早，栽植后要进行充分的肥水管理，保证足够的肥水供应，确保幼龄树苗能够快速生长，达到丰产效果。栽植施用基肥，以堆肥、厩肥、人畜粪尿和饼麸肥为主。每株施用 10～15 kg 有机肥，配施少量磷、钾、钙肥，可施过磷酸钙或钙镁磷肥 1 kg。除施基肥外，配合修剪和培养枝梢的次数施肥，掌握培养一次枝梢施肥一次的原则，以农家肥为主，配施少量速效氮肥。番石榴幼树新梢长 5～10 cm 时开始施肥，薄肥勤施。幼树每 2 个月施肥一次，每棵树每次施三元复合肥

100～200 g。2年生树每次施肥量增加到每株三元复合肥300～400 g。随着树龄的增加，还要增施有机肥和钾肥。幼龄番石榴每年至少施两次主肥，第1次在8～9月施，可每株施腐熟厩肥20～30 kg，复合肥0.5 kg，第2次在翌年4～5月施，施复合肥1.5～2.0 kg，配以叶面追肥。

（二）结果树施肥

番石榴一年多次开花结果，挂果期长、产量高，养分消耗大。番石榴施肥量及氮、磷、钾适宜比例各地相差较大。台湾在番石榴种植后10年内，随着树龄的增加，施肥量也逐年增加。5年生前氮、磷、钾比例为1∶1∶1，逐渐过渡到10年生的2∶1∶2的比例。泰国番石榴的年株施肥量为氮（N）0.2 kg、磷（P_2O_5）0.1 kg、钾（K_2O）0.4 kg，氮、磷、钾比例为2∶1∶4。印度番石榴高产园的年株施肥量为氮（N）0.583 kg、磷（P_2O_5）0.271 kg、钾（K_2O）0.399 kg，氮、磷、钾三要素比例为1∶0.46∶0.68。南非成年番石榴年株施用量为氮（N）0.224 kg、磷（P_2O_5）0.045 kg、钾（K_2O）0.20 kg，三要素施用比例为1∶0.20∶0.89。

结果树施肥，通常以有机肥为主，速效复合肥为辅。一般年施肥4～5次，分别在花芽分化前、幼果期、果实膨大期及采收后各施一次。开花前施有机肥、氮肥为主，幼果生长及果实膨大期以磷、钾肥为主，秋后以钾肥为主。果实采摘后，每株施有机肥20 kg左右，尿素0.5 kg左右，促新梢萌发。花芽分化前，植株施1.0 kg磷酸钙镁肥和0.5 kg三元复合肥，促进花芽分化和开花结果。坐果后，每棵植株施0.2 kg尿素和0.3 kg三元复合肥，促进果实增大。果实膨大期，为提高果实的糖度，增施钾肥，每棵树施0.15 kg氯化钾和0.3 kg三元复合肥。

（三）施肥方式

1. 根施

在肥水管理过程中，有机肥要尽量深施，化肥地表浅施即可。

施肥方式一般以沟施或撒施为主，施肥后还要浅耕入土，并适当进行浇水，保证施肥后的土壤足够湿润。

肥料施用时，在树冠外围滴水线位置挖一长沟，沟长0.7～0.8 m，宽0.2～0.3 m，深0.1 m，将肥料施入沟内，混合后覆土。另外，磷肥可在离树干1.0～1.6 m处挖长0.6 m的环沟施下，可提高肥料利用率。旱季施肥若与灌溉配合，肥效更佳。

2. 根外施肥

根外追肥对番石榴也有较好的效果。叶片施锌保果作用显著，还可提高果实中可溶性固形物含量，改善品质；施用硝酸钙能增加营养生长的速度，显著缩短花芽发育期，并提早开花，提高着果率。生产上在始花期和幼果期喷施0.6%硫酸锌、0.2%硼酸和0.05%钼酸铵，对增进夏、冬果的品质有良好的效果。台湾省于9～10月每隔5 d喷1次，连续3次喷0.4%～0.6%磷酸二氢钾，可提高冬春果的品质。喷叶面肥时，在嫩梢展叶期浓度低些，叶片老熟后浓度可高些。

二、水分管理

幼苗栽植后要注意适时浇水，确保土壤保持湿润，避免树苗干枯死亡。

番石榴耐旱、耐湿，热带季风气候地区，旱季和雨季分明，需注意雨季排水、旱季灌水，尤其是培育冬、春果，供水更为重要。9月中下旬后进入旱季，应视土壤干湿情况，每15～20 d灌水1次，以保证植株生长和果实发育良好。对保水力差的沙质土、砾质土应全园灌水，并加覆盖，有条件的地区还可安装简易的水肥一体化滴灌或喷灌设施，可大幅减少劳动力成本，充分利用肥水营养，节水的同时还可增产增收。

第五节 整形修剪

一、整形

（一）屈枝整形法

苗木定植后放任生长，然后在离地面 40～50 cm 处剪断主干，促使主干萌发新梢，保留 6～8 枝分布均匀、无交叉重叠枝条作为主枝，各主枝生长到 80～100 cm 时，利用塑料绳或竹片将其引向四面，斜伸 45°或近水平，促使下部萌发新梢，当新梢长至 30 cm 左右时摘心。

（二）开心形整枝法

幼树距离地面 40～50 cm 高，将主干剪去，促使长出新梢，选用 4～5 枝新枝构成主枝，朝向均匀分布。采用摘心或短截的方法，促进新梢开花结果。同时剪除交叉枝、徒长枝及病虫枝等不必要的枝条。养成中央空虚、四周开张的树形。树体勿过大以免主枝间生长势不平衡。开心形可增进树冠采光、通风，有利于喷药、疏果、套袋及采收等管理工作。

二、修剪

结果树的修剪要依树龄、枝梢生长和结果习性进行。初结果树修剪宜轻，盛果期后修剪加重。在冬季，剪除枯枝、病虫枝、弱枝、交叉枝、折断枝等。夏季，根据树势及挂果情况，对结果枝进行摘心处理。由于番石榴花朵多着生在新梢的第 2～4 节位上，因此，若植株生长势过旺，在紧接坐果节位之后摘心，促使新梢自果实以下的叶腋萌发，弱化植株生长势；若植株生长势欠旺，要增强树势，则在坐果节位之后留 3～4 对叶摘心，使新梢在果实以上的叶腋长出，这样树冠扩展较快。若不考虑调节树势，则结果后枝条长 30 cm

时摘心或短截，促进果实生长。对未结果的枝梢留长约 30 cm 摘心，形成粗短的结果母枝，当年或翌年萌发结果枝。采果后，剪去结果枝或留基部 1~2 节位剪截，对枯枝、弱枝、病虫枝也及时剪除。随着结果部位升高、外移，树势衰退，10 年以上老树需及时强剪更新。一般于春季离地面 50~80 cm 截去副主枝、主枝，迫使潜伏芽萌发为新梢，从中选留、培养新的骨干枝，形成新树冠，恢复树势，开花结果。

第六节　花果管理

一、产期调节

（一）摘心

番石榴在新梢伸长生长时，花蕾随即抽出，通过摘心，调节新梢生长期，就能调节花期，如计划在 8 月开花，则在 7 月上旬对非结果枝摘心并于 7 月中旬施促梢壮果肥一次，促其抽发新梢，抽生花蕾。

（二）疏蕾、疏花和疏果

生产冬春果为主的，清明前后摘除所有的花果，并结合修剪、施肥，促发新梢。9 月上中旬开花，12 月至翌年 1 月果实成熟，生产冬春果。对于营养生长过旺的果园，在清明前后要留 30％～40％果压树，否则易造成营养生长更旺，发生白露花少果的现象。因此，应根据树体生长状况，酌情疏花和疏果。

（三）喷施植物生长调节剂或肥料

用 100~150 mg/L 苯乙酸钠喷施番石榴植株，可以疏花减少着果率 74％～86.6％。用 15％～25％尿素喷施植株叶片，至叶片滴水为止，可使植株叶片全部灼伤脱落，35 d 后可萌发新梢，由于尿素水溶性很高，均匀地黏附在叶片上，叶片脱落后可做肥料，不损伤植株茎枝。用 0.05％～0.06％乙烯利喷施叶片，使整株叶片脱落，35~40 d 后再萌芽开花。果用药剂处理，对树体影响很大，必须在肥水很充足、管理措施密切配合的情况下进行。

二、疏花

番石榴易成花。一般只要有健壮的新梢抽生，其上必有花。为了减少营养消耗，达到丰产稳产和果大质优，必须进行疏花。番石榴花有单生花序、双花花序和三花花序 3 种类型。疏花在盛花期进行，一般保留单生花序，双花花序疏去其中较小的花，三花花序疏去左右两侧的小花。

三、疏果

番石榴在自然情况下坐果率较高，开花时只要气候良好，有花必有果。为了达到优质丰产，提高经济效益，必须进行疏果。疏果是在果实结果后 1 个多月、幼果纵径 3～4 cm、果实开始下垂时进行。除去发育不良的畸形果、病虫果，依植株生长势、枝梢生长情况、叶片大小和厚薄，确定合理的留果量。一般粗枝叶大的结果枝留果 2 个，枝较弱、叶较小的结果枝只留 1 个果。

四、套袋

套袋是番石榴优质高产高效益栽培的一个重要环节。疏果后立即进行果实套袋。一般使用双层聚丙烯材料，内层用白色泡沫网筒，外层用白色透明薄膜袋。

第七节　病虫害防治

一、主要病害

(一) 立枯病

1. 症状

植株感染立枯病后，顶芽停止生长，嫩叶卷缩呈畸形，叶面出现红色小点，然后变黄、落叶，最后全株枯死。

2. 防治方法

适时使用杀菌剂进行灭菌，如修剪后果园全园喷药，有效的药剂包括苯菌灵、有机铜剂及氢氧化铜。发病初期，可用甲基硫菌灵灌根。

(二) 炭疽病

1. 症状

叶片感病后出现很多近圆形或不规则病斑，黄褐色，常发生于叶片的边缘或叶尖，病斑上有环状排列的小黑粒，病叶卷缩易脱落。果实感病后初期为褐色水渍状斑点，随后全果腐烂，变褐干枯，引起落果或成枯果挂于树上。高温、高湿时，该病发生严重。

2. 防治方法

在发病初期，可交替喷施 75％百菌清＋70％硫菌灵 1 000～1 500倍液，或 30％氧氯化铜＋75％百菌清 800～1 000 倍液，或 40％三唑酮·多菌灵 1 000 倍液等，连续喷施三四次，视天气和病情隔 10～15 d 喷 1 次。

(三) 枝枯病

1. 症状

被害枝梢初期出现褐色斑点，后渐扩大并绕茎扩展，致使一段枝梢变褐色至灰褐色坏死，斑面出现小黑粒，病斑以上的枝梢也枯死，严重发生时致树势衰退。

2. 防治方法

新梢抽出或发病初期喷施 40％多·硫悬浮剂 600 倍液，或 30％氧氯化铜悬浮剂＋75％百菌清（1∶1）1 000 倍液，3～4 次，视天气和病情隔 7～15 d 喷 1 次。

(四) 日灼病

1. 症状

日灼病又称日烧病。主要危害夏造果实，被害果实向阳面果皮变黄褐色或出现白色的枯死斑点，严重的日灼出现圆形下陷的枯死干疤。还可被其他腐生菌腐生，一般多黄褐色硬斑，果实品质差。

2. 防治方法

果实附近留叶以起到遮挡作用，避免日光灼伤果实。坐果后及时套袋，套袋时避免对果实造成伤口，且套袋前需要喷洒保护性杀菌剂。叶面喷施含钙、锌的叶面肥，增强果实抗热性；结果盛期，增施钾肥。

（五）根结线虫病

1. 症状

根结线虫只危害根部，受害处形成瘤状的根结。根结初为白色，表面较光滑，以后由于受土壤某些病原菌的复合侵染而逐渐变褐色。严重时主根和侧根上布满虫瘤，连接成串珠状，整个根系肿胀畸形，直到全根腐烂，植株枯死。被害植株生长不良，似缺肥缺水症状，新芽变黑，叶片发黄，结果少而小。

2. 防治方法

选用无根结线虫危害的健壮苗栽植。栽植前，结合整地施入石灰、有机肥对土壤进行改良。已经发病，可用10%噻唑膦颗粒剂2.0 kg混入细沙20 kg撒在果树周围，然后翻入土中，或用5%阿维菌素乳油1 500倍液进行灌根处理。

二、主要虫害

（一）粉蚧

1. 危害特点

以若虫、成虫寄生于嫩梢、果柄、果蒂、叶柄和小枝上。新梢受害，幼芽扭曲、畸形、生长受阻；果实被害，影响外观和品质，还诱发煤烟病。

2. 防治方法

选用噻嗪酮、噻虫嗪、苯氧威、啶虫脒、吡虫啉、藜芦碱或苦参碱等叶面喷洒，进行防治。

（二）蚜虫

1. 危害特点

蚜虫吸食叶片汁液，致新梢叶片生长不正常，影响光合作用和树势，也诱发煤烟病。每次新梢抽出都会引起蚜虫危害。

2. 防治方法

新梢生长期间喷 10％吡虫啉 2 000 倍液 2～3 次，能有效控制蚜虫危害。

（三）尺蠖、卷叶蛾类

1. 危害特点

尺蠖以幼虫危害嫩芽、嫩叶，吃成缺刻或将整片叶吃光。卷叶蛾类幼虫吐丝卷缀叶片，躲藏其中危害。幼果受害引起落果。

2. 防治方法

每一次新梢萌发和花蕾生长期及时喷药防治。可选用 90％敌百虫可溶粉剂 800 倍液，或 1.8％阿维菌素乳油 2 000 倍液，或 4.5％高效氯氰菊酯乳油 1 500 倍液。注意药剂轮用，喷匀喷足，并尽可能采用地面与树上相结合的办法喷施。

（四）果实蝇

1. 危害特点

成虫将卵产于果内，果皮上有产卵孔。若果实内虫少，果实可正常生长；若果实内虫多，果实则不能正常生长，易造成落果。后期易腐烂，果实呈海绵状。

2. 防治方法

番石榴套袋可以有效防治果实蝇危害。套袋一定要在小果时即幼果纵径 2 cm 左右时进行，果实若太大果蝇可能已在幼果上产卵，造成损失。还可以利用果实蝇食物诱剂进行防治。果实蝇嗜好果实香味，配制诱饵，将其消灭在产卵危害之前。

第八节　采　　收

一、采收期的确定

番石榴未成熟果实绿色，较粗糙，光泽差；成熟果实丰满，色淡绿微黄，有光泽，有色品种呈现固有的色泽，肉质松脆。番石榴充分成熟时风味最佳。当地销售一般充分成熟时才采收，远销则可适当提前采收。因此，要掌握果实成熟标准，即果实丰满有光泽，色淡绿微黄，以此确定采收期。

二、采收时间

由于花期有先后，果实成熟期也不一致，应随熟随采，大量成熟期间应每天采收 1 次。番石榴采收应在晴天的清晨进行，此时温度低，光线较弱，能较好地保持果实风味，有利于贮存。

三、采收工具

包括采果剪、采果筐和衬垫材料。

四、采收方法

采果一般带果柄剪下，不弃套袋，并轻放于有衬垫的果箱、果箩内，避免机械伤。采后果实应避免日晒。

五、选果

果实采收后运至分级挑选的库房内，除去套袋，剪去果柄，进行分级挑选、清洁和包装。剔除烂果、病虫害果及日灼果，选择果形端正、果皮无斑点、生长正常的果实。

六、分级

(一)果品重量

珍珠番石榴以 450~550 g 为基线,上下 25 g 一段扣 1 分,比例占 15%。

(二)糖度

可溶性固形物含量以 13% 为基线,不足 0.5% 扣 1 分,比例占 40%。

(三)果肉肉质

果肉厚度占 10%,果肉厚达 2.6 cm 以上为最高标准,每差 0.5 cm 扣 2 分。果肉细嫩度占 5%,以感官测定;风味占 10%,看是否有酸、涩、苦味,以感官测定。

(四)外观

果实外表无虫、病、伤痕占 10%,外表清洁度占 10%。

特级果综合分 90 分以上,一级 80~89 分,二级 70~79 分,三级 60~69 分。

分级后洗果、洁果,然后打蜡或套保鲜膜,套网袋,装箱。番石榴包装箱一般选用硬塑料箱或硬纸箱,放 3~4 层,每层用厚纸垫分,包装后尽快运往市场或贮藏保鲜。

第九章　椰　子

椰子，棕榈科椰子属植物，原产于亚洲东南部、印度尼西亚至太平洋群岛，中国广东南部诸岛及雷州半岛、海南、台湾及云南南部热带地区均有栽培。

第一节　品种介绍

我国栽培的椰子主要有高种、矮种和杂交种 3 种类型，其中海南本地高种椰子按果实的大小，又可分为大圆果、中圆果和小圆果；矮种椰子按叶片和果实颜色，又可分为黄矮、红矮、绿矮三种类型。

一、高种椰子

高种椰子，又称海南本地椰子，抗风抗寒能力强，是海南岛的主要栽培类型，种植面积占 95％以上。高种椰子按果实的大小，可分为大圆果、中圆果和小圆果三种类型；按果实的颜色，可分为红椰、绿椰两种类型。海南高种椰子的植株高达 20 m，基部膨大，树冠有 30～40 片叶。栽后 6～8 年结果，每株年平均产果 60～80个，经济寿命 80 年左右。果型较大，椰肉含油率高，适合加工。

二、矮种椰子

矮种椰子，是从国外引进的以鲜食为主的一类，包括黄矮、红矮、绿矮及香水椰子。矮种椰子的植株只有 15 m 左右，栽后3～4年开花结果，每株年平均产果 120～140 个，经济寿命 40 年左右。果小，味甜，椰肉含油率低，不利于产品深加工。其中黄矮椰子主要用于生产嫩果、园林绿化和作为杂交育种亲本；红矮椰子是极好的嫩果生产和园林绿化品种；绿矮椰子的单株结果数最高，是很好的育种材料，也可用于生产嫩果；香水椰子是水果和加工兼用的优良品种，尤其鲜果食用很受欢迎，但该椰子品种的适应性较差，性状表现不稳定。

三、中间类型椰子

这一类型的椰子，植株高度中等，结果早，寿命长，产量高。一般栽植 3～4 年结果，第 8 年进入高产期。我国培育的椰子新品种，都属于中间类型，适合海南岛栽培。

1. 文椰 2 号

亲本为马来亚黄矮，嫩果果皮黄色。平均株产 115 个，高产单株可达 200 多个。果型较小，单果椰干产量低。在海南的生态适应性强。

2. 文椰 3 号

亲本为马来亚红矮，嫩果果皮橙红色。平均株产 105 个，高产的可达 200 多个。抗风性、抗寒性中等，13 ℃以上可安全过冬，15 ℃以下出现裂果、落果。

3. 文椰 4 号

亲本为香水椰子，嫩果果皮绿色，椰水和椰肉均具有特殊香味。平均株产 70 个，高产的可达 120 多个，经济寿命 35 年左右。抗风性中等，不抗寒。

椰子各品种之间的树形、果形、产量及抗逆性等差异较大。用于加工各种椰子产品的，以果型较大的本地高种为主；以鲜果销售为主，尤其是作为旅游产品销售的，可考虑种植果色美观的矮种椰子；而杂交种是一种中间类型，果型中等，既可以用于后期加工，也可以用于鲜果销售。生产中根据实际需要，正确选择适栽品种，确保高产、稳产。

第二节 种苗培育

一、选种果

椰子种果的性状对于椰苗的生长影响很大，椰子种苗培育用的种果要仔细筛选。确定好具有优良性状的母株后，通常选择位于椰子树中部产量高的果穗留种果。然后从成熟的椰果中选择充分成熟、中等大小的果实做种用。这些果实果肩上有 2～3 个压痕，摇动时有清脆响声，果皮颜色由青绿、黄或红色逐渐变为黄褐色。椰子水过少或无椰子水、摇动时沙沙作响的果实，胚乳发育不良或已变质，作为种果成苗率很低。椰子嫩果果肉发育不完全，蛋白质和脂肪等含量低，采后腐烂，不能发芽。

二、种果催芽

椰子种果催芽的方法很多，一般分为自然催芽和苗圃催芽两类，其中自然催芽发芽率低、畸形苗和劣质苗多，生产中大面积种植时采用的较少，但由于便于管理，节省劳力，比较适合少量椰果的催芽。而苗圃催芽苗齐、苗壮，在生产中常用。

（一）播种催芽

选择土壤疏松、平整、半荫蔽的地块，深耕后开沟，沟的深、宽各 15～20 cm，将种果果蒂朝上或同一方向倾斜 45°，依次摆放于沟底，覆土盖过种果的 1/2～2/3。后期及时淋水和培土，避免种果过度裸露、暴晒失水，损失发芽能力。

不同品种或类型的椰子，催芽需要的时间长短不同。海南高种椰子播种后 30 d 开始发芽，90 d 发芽达到高峰，180 d 后停止发芽；矮种椰子播种后 30 d 开始发芽，80 d 达到发芽高峰，175 d 后停止发芽；马哇杂交种椰子播种 90 d 开始发芽，180 d 发芽达到高峰，230 d 后停止发芽。

后期椰果发芽多成长为劣质苗，不能高产。生产中，当发芽率达到 70% 时，即可将未发芽的果淘汰。

（二）自然催芽

1. 悬挂种果催芽法

把种果串起来吊在空中，让其自然发芽，长出芽的种果取下育苗，不发芽的种果卖给工厂加工各种产品。

2. 串珠堆叠催芽法

用竹篾或铁线把种果 6~8 个串成一串，然后把一串一串堆叠成柱状，高度 1.5~2.0 m，在树荫下或空旷地上，让其自然发芽，待种果大部分发芽后，取出果芽育苗，不发芽种果出售加工。

3. 自然堆叠法催芽

种果随意堆成堆，让其自然发芽，芽长 10~20 cm 取出育苗。该法发芽不整齐，畸形苗多。

三、育苗

椰苗长至 15 cm 左右需移植到育苗圃继续培育。育苗圃开沟，深宽各 25~30 cm，椰果行株距 50 cm×40 cm。每穴施 1~1.5 kg 混有少量过磷酸钙的有机肥，栽下种苗后覆土盖过种果。椰子的育苗圃，一般每四行为一床，床长 10 m，床间留人行道 60 cm。每床可育苗 80 株，每公顷可育苗 36 000 株。

椰苗移植后，立即淋透水，以后视情况而定，旱季则要加强淋水管理。安装微喷灌设施、架设 2 m 高的荫棚或加盖一层椰糠或杂草和树叶等保水。育苗初期一般不需要施肥，2 个月后，施一次以氮肥为主的水肥。6～8 个月可达出圃标准。

> 出圃标准：叶色深绿、叶脉明显，株高 110～120 cm，茎围 18～20 cm，7～8 片叶，叶片羽裂早，无病虫害。

此外，育苗也可采用袋装育苗方法。袋装育苗是把经催芽的种苗移植至塑料袋中，填营养土育苗。植距与苗床育苗法相同，沟深 20 cm，把袋装苗按三角形排列沟中，覆土至袋高的 1/2。袋装育苗用工多，运输量大，成本高，但壮苗率高，植后成活率高，生长快，投产早。在生产条件允许的情况下，应该重点考虑使用本法育苗。

第三节　园地选择

椰子为热带喜光作物，在高温、多雨、阳光充足和海风吹拂的条件下生长发育良好。椰子适合在低海拔地区生长，适合椰子生长的土壤是海洋冲积土和河岸冲积土，其次是沙壤土，再次是砾土，黏土最差。

椰园可建在沿海沙地，土壤贫瘠、灌木稀少，可不全垦，按株行距挖穴定植，以后再逐步清理杂草和灌木、改良土壤等。椰园若建在贫瘠沙地，最好采用全垦方式，在挖穴定植后立即种上豆科覆盖作物，3 年以后，再间种其他作物，或将覆盖作物维持更长一段时间。椰园也可以建在土壤肥沃的坡地，应全垦，挖穴定植后，种上间作物或覆盖物，种植间作物时必须等高种植，避免或减少土壤侵蚀。

海南岛东南部，是椰子生长的最适宜区，包括三亚市、陵水黎族自治县、万宁市、文昌市南部、保亭黎族苗族自治县南部、乐东黎族自治县大部分地区及琼海市大部分地区。海南岛其他地区属于椰子生长的适宜区。

第四节 栽 植

一、栽植密度

椰子的栽植密度与椰子的品种类型有关，高种椰子的株行距有 (7.5～8) m×（8～9）m，每公顷种植椰子 165～180 株；矮种椰子的株行距为（6～6.5）m×（6～6.5）m，每公顷种植椰子 225～240 株；中间类型的椰子，每公顷种植椰子 165～195 株。

海南的椰子目前有椰园、分散零星种植和公路绿化三种方式，种植的形式有正方形、三角形和长方形。其中长方形种植更有利于进行间作和多层混作，也有利于机械化操作。

二、栽植苗龄

小于 9 个月的苗，易受白蚁危害，不耐水浸，后期性状也不宜鉴定，不宜采用。1 年生以上的大苗，起苗时伤根多，定植后成活率低，生长缓慢，管理费工。大面积栽植，一般以 1 年生苗最合适。

三、栽植时间

椰子苗在雨季栽植成活率高，长势旺盛。雨季末或旱季栽植，缓苗慢。一般以 5～6 月为椰子栽植适期。

四、栽植方法

苗木要随挖随栽，不宜久置。挖苗时保护好种果不脱落，尽可能减少伤根。搬运时切忌丢扔种苗，要轻拿轻放，以免震荡固体胚乳，影响苗木快速恢复生长。

栽植穴规格一般为 80 cm×80 cm×80 cm，放入腐熟的有机肥

40 kg，并与表土混匀后回填土壤至栽植穴的 1/2 处，定植椰子苗，边回填土壤边压实。

> **温馨提示**
>
> 覆土深度要求"深种浅培土"，即覆土至种果顶部或让种果仅有一小部分露出，泥土不撒入叶腋内，最后淋定根水。定植后常规管理。

目前椰园多采取宽行密株或大小行植法，充分利用土地和空间种植经济价值较高的或适于椰园荫蔽下种植的经济作物，使单位面积收益增加。

第五节　幼龄椰园管理

椰子进入结果期前为幼龄期，是营养生长阶段，时间 6~8 年。前 3 年生长缓慢，抗性差，畜害和兽害严重，需加强管理。

一、护苗补苗

海南岛椰子种植区的土壤沙性重，渗漏多，易于干旱，椰苗种植后可就地取材，及时用椰糠、杂草、树叶等将栽植穴表面覆盖，以免穴面暴晒，减少地面蒸发，抑制杂草生长，确保椰苗成活。

定植当年，如有死苗缺株，应及时补植。第 2 年如发现有明显的落后苗或遭受损害致残苗都应换植。所有补换植用苗都应用和该椰园的品种、苗龄、大小相同的后备苗。对补换植苗要特别加强抚管，确保成活，促进椰苗整齐。

椰子栽后第 1 年，生长较慢，到第 3、4 年茎干开始露出地面。因此，一般从第 3 年起就应结合除草施肥开始逐渐进行培土，直至最后与地面培平。

二、水肥管理

（一）水分管理

椰子在定植后头两年，特别是当年，因为椰苗根系不甚发达，扎根不深，抗旱能力较差，如遇干旱，势必影响椰苗生长。因此，要注意旱情及时进行淋水抗旱，确保椰苗正常生长。

建园时，要挖排水沟。雨季定期检查种植穴，在有一定坡度以及未建立覆盖作物的土壤上，种植穴易被泥沙冲埋。随时清理植穴，把冲进种植穴的泥沙挖出，以免阻碍生长。

（二）施肥

幼年椰子树处于营养生长为主的阶段，要在全肥基础上突出氮肥。施氮肥能促进营养生长和提早开花，缺氮肥会抑制地上部分和根系的生长，造成植株矮、茎秆细、叶片少、幼叶呈淡黄绿色、老叶显著变黄等。磷肥也能显著提早椰子树的开花时间。幼龄椰子树生长前期对钾的需求量虽不大，但钾的不足会导致主干细长、叶痕密集、生长缓慢。缺钾的椰子树即使追施钾肥也难完全恢复，以致大大延长植株的非生长期。氯对幼龄椰子树的生长和发育有明显的促进作用。因此，椰子树的早期施肥非常重要，施肥的好坏对后期的椰子树生长和产量将会产生很大影响。

施肥的位置，第 1 年可在靠近椰子树的土壤表层，第 2 年在离树基部 0.8～1 m 的范围内，第 3 年把施肥的半径范围扩大到 1.3～1.5 m，临近结果期施肥半径为 1.8～2 m。先除草，撒施化肥后，再松土埋肥。

海南岛中等肥力的土壤，1～3 年生树每年每株施有机肥 20～30 kg、尿素 0.25～0.35 kg、过磷酸钙 0.25～0.5 kg、氯化钾 0.15～0.25 kg（草木灰 1.5～2.5 kg 或田园土 5～10 kg）、鱼杂肥 0.5～1 kg；4～6 年生树每年每株施有机肥 30～50 kg、尿素 0.35～0.5 kg、过磷酸钙 1 kg、氯化钾 0.35～0.5 kg。

椰子的维管束为有限维管束，没有束中形成层，不能进行次生生长。根据茎干从基部至树冠的直径变化，可以反映出历年的管理水平。

三、椰园除草

椰园内以种植穴为中心在直径 2 m 范围内如长有杂草均应及时铲除，其他地方若长有 30 cm 以上的高草也应及时控制，避免造成椰园荒芜。此外，凡是椰园长有茅草、硬骨草和香附子等恶性杂草以及杂灌木等，均应及时连根清除。原则上是范围小的用人工清除，范围大的可用化学防治。

四、幼龄椰园间作

在沿海椰园，土壤沙性重，结构差，许多地方有机质含量低，植被稀疏，淋溶和侵蚀较为严重，行间种植绿肥覆盖作物可以改善土壤结构、提高土壤肥力，是椰园管理的重要措施之一。适合种植的绿肥作物有三裂叶葛藤、山毛豆、矮刀豆等，其中以三裂叶葛藤最好。海南幼龄椰园也常间种短期经济作物，以促进幼树生长和增加经济收益。常种的间作物有旱稻、甘蔗、玉米、花生、芋头、木薯、姜、蔬菜等。间作物与椰子树距离视作物种类和椰子树龄而异，开始时保持 1.5～2 m，以后随树龄逐渐加大。每年除草不少于 2～3 次，结合进行中耕松土。

第六节 成龄椰园管理

一、椰园清理

海南气候高温高湿，椰园如长时间疏于管理，易繁生杂草杂木，大量消耗了土壤的养分，限制了椰子树产量的提高，同时也易发生病虫害和鼠害，严重时导致椰园衰败，因此要及时清理杂草杂木。

清理椰园的主要措施有：

① 砍除杂木，挖掉树根，铲除杂草及草根，堆积晒干后清理出椰园。

② 砍掉病虫危害严重、无法挽救的病弱株，收集被病虫危害后脱落的果实及花穗，集中喷药处理后粉碎沤肥或者清理出椰园深埋。

③ 结合中耕培土，部分绿叶杂草可以直接翻入土中，用来压青，增加土壤的有机质和含氮量。

④ 清理病虫巢穴，结合打药彻底灭杀。

二、中耕培土

定期中耕培土，可以改善土壤结构，保持椰园土壤温度和提高土壤肥力，有利于增加产量。一般在雨季末期中耕，如杂草太多可适当在雨季进行。中耕深度 $15 \sim 25$ cm，通常离树基 1.8 m 范围内，用锄头结合除草，浅耕即可。耕作计划取决于土壤类型、土壤坡度、雨量分布等因素。轻质土壤耕作不宜太频繁，更不宜深耕。树干基部长出的气生根要及时培土，能加固树体，增大营养吸收面，对提高产量有一定的作用。

三、施肥

（一）营养要求

在营养三要素中，椰子特别需要钾，其次是氮，最后是磷。椰子对氯元素的需求量与钾元素同等。其他微量元素也要适时补充。

成龄树施肥应根据土壤类型和椰子树的营养需求，科学施肥。滨海沙土的椰园要适当增施有机肥。山地砖红壤椰园，在追施复合肥的同时，还要适当施用一定的粗盐。河流冲积土和有机质含量高的土壤，适当补充钾肥。

（二）施肥方法

中等肥力水平的成龄椰园，每年施有机肥 20～30 kg/株或海藻 23～50 kg。有用绿叶压青的，每株施 40～50 kg。如果施用化肥，宜在土壤水分充足时期施用。在干湿季节明显的地区施化肥宜在雨季进行，旱季则必须配合灌溉。

厩肥、堆肥、垃圾肥、牛粪、人粪尿等发酵腐熟后都是优良的有机肥。生产中还经常施用虾糠、鱼粉、渍鱼等堆沤有机肥，肥效快。海藻、海草、海泥等也可作为椰子树的肥源。

施肥的位置是椰子树冠边缘垂直线下的地面一圈或两侧开半月形浅沟，沟长 2 m、宽 0.5 m、深 0.5 m，肥料施入沟内覆土压实。

（三）椰衣还田

椰衣除了用于加工制造业，还可以埋入椰园作为肥料。椰衣含钾素高达 5%，直接埋入土中，既提供养分又保持水分。椰衣还田，第 3 年开始出现增产效果，增产效应虽然慢，但是椰子增产效果明显且长久，可达 6 年。

埋椰衣沟灵活多样，可以在 4 株椰子树的中央，挖长宽各 3 m、深 1 m 的坑，或者挖直径 2 m、深 0.5 m 的穴；两行椰子中央挖 S 形长坑，宽 2 m、深 0.5 m；两株椰子树间挖椰衣沟，沟长 3 m、宽 1.2 m、深 0.5 m。挖好的沟内，分层掩埋椰衣，每层覆土，最后一层与地面平齐，把余下的土覆在顶上。

四、椰子树间作与多层栽培

椰子树间作，是指在椰园内椰子树行之间，种植其他作物的种植方式。多层栽培，是指在一块地上同时分高矮层次，集约栽培两种或两种以上作物的栽培制度。这两种方式，都可以充分发挥单位面积生产率并取得最大的经济效益。

椰子树树干笔直、树冠蓬松、叶片疏朗，占据空间较小，太阳辐射光有相当部分可以透过叶层及株间到达地面。一个正常生产的中龄椰园，约有一半的光能和大部分地面和空间未被充分利用，为椰园实行间作和多层栽培提供了基本条件。

生产实践中，只要对间作物进行常规管理，椰园土壤肥力将明显提高，果实的产量和品质也都有提高。在我国，椰农向来有椰园间作的习惯，但大多数是间种短期作物，如蔬菜、薯类和其他杂粮作物等。近年来开始间种多年生经济作物，如试种较耐阴的可可等。在进行间作及多层栽培时，光能条件是可以满足的，但肥料量就要适当增加，尤其是沿海沙质贫瘠土壤上，如果没有足够的肥料，特别是没有有机肥料来改良土壤，间作作物难以正常生长。因此，在这样的土壤上要增加有机肥施用量。在土壤肥力较低的情况下，也可以考虑先种植豆科覆盖作物，经过几年的栽种可较大改善土壤肥力状况，而后再考虑间作其他作物。

椰园间作物的选择是建立椰园多层次栽培的关键，必须根据多层栽培的特点和间作作物固有的特征以及不同生态条件进行间作作物选择。一般来说，间作作物所占面积为椰园总面积的 2/3 左右，要求在椰子茎基 2 m 半径的活动根系内不种植间作作物。间作作物需具有一定的耐阴性、矮于椰子的高度、主要根系最好分布在椰子主要根系范围之外、病虫害少等特点。间作作物管理和收获时进行的各种作业不能伤害椰子或由此引起的土壤破坏和侵蚀，不能造成椰子减产。

椰园间作的方式有单元间作，只间作一种作物，如辣椒、花生、薯类、咖啡等；多元间作，同时种两种以上作物，如椰子＋花生＋薯类等；多层间作，间作物按高度分层次在椰园密集混作，如椰子＋咖啡＋姜等。

五、椰园种养

椰园混种各类牧草，实行农牧综合经营，也是一项增加经济收入的有效措施。海南省由于成片种植的椰园少，椰园放牧的不多。

但也有椰园放羊和养鸡较成功的范例，特别是椰园养鸡模式已被许多农户所接受，不但养鸡效益较好，椰子树的生长状况也在短期内明显改善，椰子产量大幅度提高。

第七节　老树更新

椰子树随着树龄的增加而逐渐衰老时，生根的茎基圆锥部慢慢从下而上腐烂，老根死去，营养吸收面积减少，树冠变小，产量降低。树体失去了强固的支持力，极易被风吹倒，需要及时更新。

高种椰子树经过 50 年左右的盛产期后，生产性能逐渐下降，进入衰老期。衰老期的来临与品种、环境条件及管理有着密切的关系，疏于管理的椰园，会加速椰子树的衰老，使其提早丧失生产能力。

一般 60 年左右的树，就开始在树下栽植新植株，为更新做准备。更新时，先伐除不结果树。老树砍伐前先毒杀，尽量减少老树倒地时对更新植株的损伤。可采用茎干注入高浓度除草剂或其他生长抑制物质，约 3 周树冠萎蔫，2 个月树木光秃后砍伐。

为了维持椰园的生产力，在无须全面更新时，要经常用健壮的苗木补植缺株、更新病株和发育不良的植株。当椰园的多数椰子树树龄为 50～60 年时，不必再进行补植，应尽快全部更新。

第八节　病虫害防治

椰子树同其他的作物一样，也会遭受到各种病虫害的侵袭，影响椰子树的生长发育，如椰子树树势衰弱、长势缓慢、产量减少，甚至也可以导致椰子树的死亡。

一、病害

海南的椰子病害有 10 多种，主要病害有灰斑病、芽腐病、泻血病、煤烟病、果腐病、炭疽病等。下面介绍几种主要的椰子病害。

（一）椰子灰斑病

1. 症状

椰子灰斑病由病菌侵染叶片，导致叶片的组织坏死，逐渐干枯卷缩，最后脱落，植株生长势弱。幼苗得病，生长缓慢，病害严重时树死亡；成株椰子树感染了灰斑病，开花推迟，坐果率低，幼果脱落，从而导致椰子树减产。所有的椰子生产国均有发生，除侵害椰子树外，还侵染油棕、槟榔等多种棕榈科植物。

发病初期，小叶片出现橙黄色的小圆点，以后逐渐扩展成灰色条斑，病斑中心转灰白色或暗褐色，数个条斑汇合成不规则的灰色坏死斑块。若病害继续发展，整张叶片干枯皱缩，如火烧状。病斑边缘有暗褐色条带，外围有黄晕。病斑上散生有圆形、椭圆形或不规则的小黑粒，即病原菌的分生孢子盘。孢子借风雨传播，高湿条件有利于病菌孢子侵染叶片。

本病的发生与树龄的关系也很密切。一般来说，幼龄树的叶片很少发生该病，成株和大树的老叶发生较严重。病菌在老病叶及土壤表面都可以存活。

2. 防治方法

在高温多雨季节发病最重。本病防治立足于保护幼苗和幼龄椰子树以及矮种结果树。加强栽培管理，苗圃要保持适当荫蔽，合理施肥，适当增施钾肥。发病后可喷洒 50%克菌丹 500 倍液，或 50%代森锰锌 180 倍液，或 50%王铜 500 倍液，或 75%百菌清 250 倍液，或 50%异菌脲可湿性粉剂 800 倍液，或 1%等量式波尔多液。每隔 7~14 d 喷施 1 次，连续喷 2~3 次。严重发病时，必须清除集中喷药处理严重染病和已经病死、脱落的叶片，并采用上述药剂进行喷施。

（二）椰子芽腐病

1. 症状

椰子芽腐病分布广泛，病菌除危害椰子外，还可危害橡胶、胡椒、槟榔、油棕、糖棕、可可等多种热带经济作物。

感病初期，树冠中央未展开的嫩叶先行枯萎，呈淡灰褐色，随后下垂，最后从基部倾折。中央未展开的嫩叶基部组织呈糊状腐烂，并发出臭味，已展开的嫩叶基部常见有水渍状斑痕。在潮湿条件下，病组织长出白色霉状物。此病从中间嫩叶的基部向里扩展到芽的细嫩组织，致使嫩芽枯死腐烂，此时植株不再长高，周围未被侵染的叶子仍保持绿色达数月之久。随后较老的叶片按叶龄凋萎并倾折，最后剩下一根无叶的光干树。

2. 防治方法

通常高种椰子比矮种椰子更抗椰子芽腐病，在椰子品种选育时可以进行筛选。感病的植株，要及时铲除，并将砍下的茎干切成数段集中喷药处理。雨季来临时喷洒氧化亚铜或1‰波尔多液进行保护。病株可用甲霜灵＋多菌灵灌心浇叶，能达到很好的疗效。

（三）椰子煤烟病

1. 症状

椰子煤烟病，属于侵染性病害。在椰子树上比较荫蔽的地方发生较多，严重影响叶片的光合作用。主要症状表现为叶片背面出现黑色霉层或黑色粉状物。开始在叶片局部发生，严重时可布满整个叶背。不仅影响叶片的观赏价值，甚至导致叶片提前衰老。

2. 防治方法

一般防治方法是通过喷施杀虫剂，杀死介壳虫或粉虱，来防治该病的发生。另外在雨季来临时喷施多菌灵和甲基硫菌灵也有利于抑制该病的发生。

（四）椰子茎干泻血病

1. 症状

椰子茎干泻血病是椰子产区常见的病害，目前在海南地区的椰园发生较普遍。病菌除危害椰子外，还危害菠萝、槟榔、橡胶、甘蔗、糖棕等作物。

症状出现在树干部。初期为细小变色的凹陷斑点，然后病斑扩大汇合，在树干上形成大小和长短不一的裂缝，小裂缝连成大裂缝。随着病情的发展，树干内纤维素解体，腐烂，从裂缝处流出红褐色的黏稠液体，干燥后变为黑色。严重时叶片变小，继而树冠凋萎，叶片脱落，整株死亡。

2. 防治方法

椰园加强田间管理，多施有机肥，增强抗病力，注意排灌，防止旱涝引起生理病。防止人为、动物、昆虫对树干损伤，可降低病害发生。对于已经患病的椰子树，用刮刀将病部组织刮除干净，并将刮下的病部组织集中喷药处理，在伤口处用 0.1% 氯化汞消毒后，涂抹煤焦油或 1∶1∶10 波尔多浆等保护剂，保护伤口。

（五）椰子致死性黄化病

1. 症状

黄化病是椰子树的一种毁灭性病害，具有很强的传播性，在高温高湿的环境下发生较严重。除侵染椰子外，还侵染油棕、山棕、扇棕、枣椰子、蒲葵、鱼尾葵、刺葵等多种棕榈科植物。

发病初期从叶顶端开始褪绿黄化，后期心部腐烂，在结果树上，各种大小椰子果实在未成熟时脱落，整个花序顶部变黑坏死，此时在树冠中部也会出现黄化叶，并且随着病情的发展症状在树冠顶端扩展，树冠塌落后仅剩下杆状树干。感病树根由原来的红色变成黑褐色；侧根皮层和中柱向老的组织逐渐坏死腐烂，最终导致整个根系坏死。

2. 防治方法

病菌由同翅目蜡蝉传播，并在其体内繁殖，因此尤其要防治传播害虫。加强果园管理，合理施肥灌水，提高树体抗病力。做好椰园排水工作，保持适当的环境，挖除病株并集中喷药处理，减少病源。对于感病轻微的植株，可以尝试茎干注射盐酸四环素治疗。

二、虫害

目前，世界上有报道的椰子树虫害有 750 多种，海南岛有 40 多种。主要椰子害虫有椰心叶甲、红棕象甲、二疣犀甲、椰圆蚧、椰花四星象甲、红脉穗螟、油棕刺蛾和黑翅粉虱等。以下介绍的是几种对椰子树危害比较严重的害虫。

(一) 椰心叶甲

1. 形态特征

椰心叶甲属金龟子科叶甲虫属。成虫细长、扁平，长约 10 mm。雄虫比雌虫略小。胸部红褐色，头部黑褐色，头顶背面平伸出近方形板块，触角 4 节，鞘翅红褐色至黑色。

2. 分布场所和寄主

椰心叶甲原发生于印度尼西亚和巴布亚新几内亚。目前分布在美国夏威夷、澳大利亚、越南、泰国、马尔代夫、关岛、中国等 20 多个国家和地区。椰心叶甲自 2002 年在海南发现以来，短短几年时间，已经扩散到海南的全部市县，危害面积大，给海南造成的经济损失达上亿元。另外，椰心叶甲还在广东、广西和福建的部分地区发生，其危害范围甚至扩展到长江流域地区。

椰心叶甲的寄主非常多，可以在椰子、大王棕、槟榔、假槟榔、海枣、老人葵、鱼尾葵等 30 多种棕榈植物上取食，其中以椰子危害最为严重。

3. 危害特点及防治方法

椰心叶甲主要危害椰子树的心叶和未完全展开的叶片。危害较轻时，叶片呈白色条纹状；严重时它可以使椰子树的心叶全部枯死，像被火烧过一样，造成椰子树减产，甚至导致椰子树整株死亡。

防治这种虫子非常困难。一是椰子树高大，如果用农药来杀死它，一般农药器具够不着。而使用高压功能的喷雾器，移动不方便。二是这种虫子的生活场所非常隐蔽，农药很难有效地渗透到心叶中去，喷施的农药大量流失，严重污染环境。

后来植保专家们研制出一种药包，挂在椰子树的心叶上，挂一次有 3 个月的效果，但是对椰子、槟榔这样高大的树木，要上树挂药也是非常困难的。目前，防治此虫最有效的方法是生物防治。椰心叶甲最有效的天敌是椰心叶甲啮小蜂、椰心叶甲姬小蜂。利用这两种天敌来防治椰心叶甲在世界上有很多成功的先例。关岛、澳大利亚还有我国的台湾等，均取得了良好的防治效果。目前，中国热带农业科学院正在生产此两种寄生蜂。这两种蜂是椰心叶甲的真正克星，它们能在野外自主寻找椰心叶甲，省工又省钱，而且不污染环境。海南好多地方的椰子树，在 2005 年，由于椰心叶甲的危害，出现大量嫩叶干枯的现象，经过近几年利用椰心叶甲天敌寄生蜂治理，现在的椰子树已大部分恢复正常生长。

（二）红棕象甲

1. 形态特征

红棕象甲属竹象科棕榈象属。幼虫体长 40 mm 左右，黄白色，头暗红褐色，体肥胖，纺锤形，胸足退化。成虫体长 30 mm 左右，红褐色。成虫的头部前端延伸成喙，身体腹面黑红相间，背上有 6 个小黑斑排列成两行，鞘翅表面有光泽。虫卵乳白色。

红棕象甲成虫具有短途飞翔、群居、假死的特性；喜夜间活动，白天常藏匿于叶腋下、夹缝间，在取食与交配时才短距离迁移。

2. 寄主

红棕象甲原产于印度，主要分布于中东、东亚、南亚、太平洋诸岛及地中海沿岸部分国家和地区。红棕象甲不仅危害椰子树,还危害其他的棕榈科植物,如油棕、糖棕、贝叶棕、海枣、大王棕、槟榔等棕榈科植物。海南省红棕象甲1年可发生3代,世代重叠。

3. 危害特点及防治方法

成虫在椰子树的伤口处产卵,经过2～3 d,幼虫孵化,然后幼虫顺着伤口组织取食椰子树的幼嫩组织,生活在椰子树上部枝干的心部和叶柄基部。一棵染虫的椰子树,常常有几百头幼虫在取食。幼虫经70 d化蛹。茧呈椭圆形,是用树干纤维做成的。羽化成虫飞出来,或者直接在这棵受害的椰树上产卵。而这棵染虫的椰子树,6～7个月就会死去。在此之前,很难发现这棵树被红棕象甲危害,当发现树被危害时,这棵椰子树已无法救活了。因此,很多人把它作为椰子树的"头号杀手"。

红棕象甲防治困难。危害早期,可采用灌药和喷药杀虫,或对椰子树的主干注入一些内吸型的杀虫剂。若在枝干上的伤口处,可以涂一些混有杀虫剂的泥巴,毒杀前来产卵的成虫。

生产中还可用发酵的棕榈科植物组织引诱红棕象甲的成虫过来取食,从而集中捕捉。国外的许多地方采用聚集信息素来吸引捕捉它,减少它在自然界的数量,从而保护椰子树的正常生长。很多植保专家也正在积极探索与研究红棕象甲的生物防治方法。

(三) 二疣犀甲

1. 形态特征

二疣犀甲的体长4 cm左右,黑褐色,有光泽。头小,背面中央有1个向后弯曲的角状突起。前胸背板大,自前缘向中央形成一个大而圆形的凹区。凹区四周高起,后缘中部向前方凸出两个疣状突起。腹面被褐色短毛,鞘翅密布不规则的粗刻点,并有3条平滑的隆起线。

2. 寄主

寄主为椰子、油棕、槟榔及多种棕榈科植物,偶尔也危害菠萝、剑麻、甘蔗、香蕉、芋、野露兜等栽培和野生植物。

3. 危害特点及防治方法

二疣犀甲的成虫喜欢取食椰树的心叶、生长点和幼嫩的树干。危害心叶，心叶展开后叶端被折断而呈扇形波状截面，受害严重时树冠变小；危害生长点，整株死亡；危害树干，留下孔洞，树不抗风，还会吸引红棕象甲侵入。防治红棕象甲，先防治二疣犀甲。

二疣犀甲的幼虫与成虫生活的环境不同，幼虫喜欢生活在腐烂的朽木或营养丰富的腐殖质中，尤其是当红棕象甲杀死一棵椰子树或者其他棕榈科植物后，留下的椰子树残余产物就是二疣犀甲幼虫的好食物。在海南有些地方，很多椰子树的死亡是由于这两种害虫共同危害造成的。

椰园中不能存在腐殖质和朽木以及大牲畜的粪便等，也可诱二疣犀甲的成虫来产卵，以便杀死它们的幼虫。二疣犀甲发生高峰期，可用20％氯戊菊酯1 500倍液＋5％高氯·甲维盐2 000倍液混合喷雾防治。国外多数采用绿僵菌和病毒来防治它的幼虫。

(四) 椰圆蚧

1. 形态特征

椰圆蚧属半翅目盾蚧科。身体扁平，身体四周呈半透明的卵圆薄边，身体中心部位呈淡黄色。雌成虫，介壳近圆形直径1.7～1.8 mm；雄成虫介壳略小，有1对半透明的翅，腹末有1枚较长的交尾器。初孵若虫淡黄绿色后转黄色，有足和触角，二龄时触角和足消失。

2. 寄主

寄主植物非常广，可以取食40科70多属的植物。其中椰子是其主要寄主，另外还危害杧果、番木瓜、番石榴、鳄梨和面包树等多种果树。

3. 危害特点及防治方法

椰圆蚧1年发生3代，在椰子的苗期、成长期、花期和果期以及收获的果实上都可进行危害。若虫和雌虫附着在植物茎叶及幼果表面，吸取组织汁液，植物表面呈现不规则的褪绿黄斑，严重时，新叶和嫩果生长发育不良。另外，椰圆蚧分泌蜜露招致煤烟病，使叶片呈污黑状。

农业防治：剪除严重虫害叶片，清理椰园内的干枯病虫残叶，集中喷药后粉碎沤肥或掩埋，并加强肥水管理，增强树体抗逆性，减少虫害的发生。

化学防治：可用5％啶虫脒乳油1 500倍液叶面喷施；若虫出现高峰期，用25％氯氟·噻虫胺悬浮剂1 000～1 500倍液叶面喷施1～2次，7～10 d 1次。

温馨提示

防治注意事项：由于椰圆蚧危害部位比较隐蔽，加上椰子树高大，防治难度大，叶面喷施药液要均匀喷施到位，特别是叶背。

第九节　采　　收

椰子树全年持续开花、全年结果，椰果从花粉受精到果实成熟大约需要12个月。其中，前1～7个月是迅速增长期，果实体积增长在这一时期已基本完成。第8～9个月是稳定或缓慢增长期，此时的椰子水最多，甜度也最大，是生产椰青果的最好采果期。第10～12个月是成熟期，此时的椰子果肉逐渐增厚，椰水量不断减少、甜度也有所下降。到第12个月椰子果已完全成熟，果皮由绿色变成褐色，部分椰子果还会从椰树上自行落下，可以直接从地上捡收。

但对大部分成熟椰子果来说，必须通过一定的外力才能使其掉落。多数已成熟的椰子果，只需用长竹竿一顶即可掉下。少数成熟椰果很难脱落，必须通过人工爬树采摘。爬树时可使用像电工爬电线杆时用的攀爬器，当然爬树高手也可以徒手攀爬。近年来，各种采果器、爬树器相继问世，虽然安全性好，但操作不方便，还有待于进一步完善。

通常情况下，椰子嫩果保鲜期为 1 周左右，但通过简单加工后的椰青果可以保鲜 2～3 周。成熟的椰子果在较干燥的条件下，可以保存至半年；经过深加工后，大多数椰子产品可保质一年以上。

第十章　香　蕉

香蕉，芭蕉科芭蕉属大型草本果树，在热带地区广泛种植。香蕉原产亚洲东南部，主要产区分布在我国的广东、广西、海南、福建和云南等地，以及老挝和缅甸等国家的部分地区。海南的香蕉有琼南-西南部香蕉优势区、琼西-西北-北部香蕉优势区、中部山地蕉重点发展区、东部特色香蕉区。

第一节　主要种类和品种

目前生产上栽培的香蕉都是由两个原始野生种即尖叶蕉和长梗蕉杂交后代进化或由某一野生种进化而来的，栽培的香蕉绝大多数为三倍体。香蕉为多年生粗壮高大的草本果树。根据植株形态特征及经济性状，我国香蕉主要分为香蕉、大蕉、粉蕉、龙牙蕉及其他类型。香蕉种植面积约 86%，粉蕉约 12%，大蕉和龙牙蕉及其他类型约 2%。香蕉品种较多。

一、香蕉类型及品种

（一）香蕉植株特性

香蕉植株生长健壮，假茎黄绿色带褐色或黑色斑。叶片较阔大，先端圆钝，叶柄粗短，叶柄槽开张，有叶翼，反向外，叶基部对称呈楔形。吸芽紫绿色，幼叶初出时往往带紫色斑。果指向上生长，幼果横断面多为 5 棱形，胎座维管束 6 根，果皮绿色；成熟果棱角小而近圆形，果皮黄绿色；完全后熟果有浓郁香蕉香味，果肉清甜。皮薄，外果皮与中果皮不易分离。果肉黄白色，3 室易分离。不具花粉，故不能产生种子，单性结实。

香蕉是经济价值最高、栽培面积最大的类型。香蕉品种间在品质等方面差异并不明显，而在梳形、果形、产量潜力和抗逆性方面却有一定差异。根据株型大小可将其分为高型、中型和矮型等品种、品系。高干香蕉俗称"高脚蕉"，株型高大，干高 3 m 以上，果指长大较直，包括高州高脚顿地雷、台湾仙人蕉等。中干香蕉干高 1.8～3.3 m，粗大，负载力强，抗风力较强，属于这种类型的品种较多，产量与外观品质等商品性状差异较大。矮干香蕉干高 1.5～2 m，茎秆矮粗，上下茎粗较均匀，叶柄及叶片短，叶柄基部排列紧密；果穗较短小，梳距密，果指短，较弯，不太整齐；果肉香味较浓，品质中等；抗风力强，是沿海地区庭院栽培的主要类型。

（二）香蕉的主要品种

1. 高脚顿地雷

原产广东高州。茎高 3～4.5 m，茎周 50～60 cm，每穗 8～11梳，每梳果指数 17 条，果指长 20～23 cm，株产 20～35 kg。梳形美观，果形较直，含糖量 20%～22%，质优。抗风力弱，适于台风少的地区。有立叶高脚顿地雷和垂叶高脚顿地雷 2 个品系。

2. 仙人蕉

我国台湾最重要的香蕉品种，分布于台南和台中。适应性强，生长周期 11～12 个月，穗重 25～30 kg。仙人蕉是由台湾北蕉变异而来，是台湾主栽品种之一。茎高 2.7～3.8 m，茎周 50～60 cm，每穗 8～10 梳，每梳果指数 17 条，果指长 18～23 cm，株产 16～30 kg。抗风力弱，适于台风少的地区。

3. 大种高把

又称青身高把、高把香牙蕉、大叶青，原产广东东莞。茎高

2.5～3.0 m，茎周 75～85 cm。叶片长大，叶鞘距较疏，叶柄稍长而粗壮，叶背主脉被白粉。果轴粗大，果梳数较多，果指较长而充实。果实生长较迅速，可提早收获。根群较深广，耐肥、耐湿、耐旱和抗寒力都较强，但较易受风害。一般较高产、稳产。

4. 广东香蕉 2 号

即 631，广东省农业科学院果树研究所从越南品种的变异单株中选出。茎高 2.2～2.6 m，茎周 55～65 cm，每穗 8～10 梳，每梳果指数 23 条，果指长 18～22 cm，株产 17～30 kg。果指微弯，肉香甜，品质优，畅销。适应性较强，抗风力中等。

5. 东莞中把

原产广东东莞，珠江三角洲主栽品种。茎高 2～2.8 m，茎周 50～60 cm，每穗 8～10 梳，每梳果指数 23 条，果指长 18～20 cm，果形稍弯，株产 15～30 kg。品质中上，抗风力中上，抗病性和适应性较强，适于各蕉区栽培。

6. 广东香蕉 1 号

即 741，广东省农业科学院果树研究所选自高州矮香蕉的自然变异。茎高 1.8～2.4 m，茎周 55～60 cm，每穗 10～11 梳，每梳果指数 18 条，果指长 17～20 cm，株产 15～30 kg。果形稍弯，品质中上。抗风力较强，适合各蕉区栽培。

7. 威廉斯

澳大利亚主栽品种。茎高 2.3～2.9 m，茎周 50～60 cm，每穗 8～11 梳，每梳果指数 22 条，果指长 18～22 cm，果形较直而长，梳形整齐美观。香味浓郁，品质优。株产 16～30 kg。抗风力与抗病性中等，对枯萎病敏感，适合各蕉区栽培。

8. 巴西蕉

1990 年从澳大利亚引入，为我国目前最主要的栽培品种。茎高约 3 m，茎周 80 cm，每穗 8～11 梳，每梳果指数 24 条，果指长 20～25 cm，果指直，产量高，商品性好。生长壮旺，抗风力较强，受收购商和蕉农欢迎。

9. 矮脚顿地雷

原产广东高州。假茎粗壮，高 2.3～2.5 m，茎周约 60 cm。叶片长大，叶柄较短。果穗长度中等，果梳数较多，梳距密，果指大，品质优。抽蕾较早，一般株产 15～20 kg，高产株可达 50 kg。抗风、抗寒力较强，遭霜冻后恢复较快。

10. 齐尾

原产广东高州，又称中脚顿地雷。高大，假茎高约 3.0 m，茎周约 65 cm，下粗上细明显。叶窄长，较直立向上伸展，叶柄长，密集成束，尤其在抽蕾前后叶丛生成束。果穗和果指比高脚顿地雷稍短，果梳数较少，但果指数较多。不耐瘦瘠，抗风、抗寒、抗病力均较弱。果实品质中上。

11. 赤龙高身矮蕉

原产海南。茎高 1.6～2 m，茎周 55～60 cm，每穗 7～9 梳，每梳果指数 18～20，果指长 16～20 cm，株产 13～22 kg。抗风力较强，抗病性和耐寒力较弱。

12. 那龙香蕉

原产广西南宁西乡塘区那龙镇。假茎高约 2.0 m，茎周约 70 cm。叶大、质厚，叶距密，叶柄短。假茎色泽紫红带绿，有褐斑。果穗长，产量较高，丰产单株可达 50 kg。以正造蕉产量和品质较好。抗风力较强，但抗寒力较弱。矮蕉中还有广东高州矮、阳江矮、广西浦北矮、海南文昌矮等，栽培和商品性状相似，唯适应能力有一定差异。

二、大蕉类型

（一）大蕉植株特性

大蕉植株较高大健壮，假茎表面青绿色；叶柄沟边缘闭合或内卷，无叶翼；叶片宽大，叶片基部对称或略不对称耳状，先端较尖，叶下表面和叶鞘微被白色蜡粉或无。果柄及果指直而粗短，4棱或5棱明显，果顶瓶颈状；果皮厚而韧，果实耐贮藏，成熟后皮色淡黄，外果皮与中果皮易分离；果肉3室不易分离，肉质软滑，杏黄色或带粉红色，味甜或带微酸，无香气，偶有种子，品质中。大蕉是蕉类中最耐寒的类型，抗风力强，抗叶斑病和枯萎病，适应性好，栽培纬度超过北纬30°。吸芽青绿色。

（二）大蕉主要品种

1. 大蕉

又名鼓槌蕉、月蕉、牛角蕉、柴蕉、板蕉、芭蕉、酸芭蕉、饭蕉等。按假茎高度可分为高把大蕉、矮把大蕉，以矮型产量较高。珠江三角洲等地的大蕉类型较多，如顺德中把、东莞高把、东莞矮把、新会畦头大蕉。假茎高一般为3.0～4.0 m，茎周65 cm以上。株产15～20 kg。吸芽较多，丛生。

2. 灰蕉

又称牛奶蕉、粉大蕉。植株强壮高大，假茎高3.2～3.4 m，叶柄细长，黄蜡色；嫩叶及幼苗叶片主脉背面带淡红色，幼苗假茎、叶柄、叶背表面被白色蜡粉。果形直，棱角明显，皮厚被白色蜡粉；果肉乳白色、柔软，故名牛奶蕉，微甜有香气。分布于广东新会、中山、广州郊区等地。

三、粉蕉类型

广泛分布于华南地区，包括广东的粉蕉，广西、海南的蛋蕉或糯米蕉，广西及云南的西贡蕉等。共同特点是：植株高大，一般超过3.5 m，假茎粗壮，淡黄绿色或带紫红色晕斑；叶片狭长而薄，先端稍尖，基部两侧不对称楔形，叶柄狭长，一般闭合，无叶翼，叶柄和叶基部的边缘有红色条纹，叶黄绿色，叶背和叶鞘具丰富蜡粉，叶背中脉黄色或紫红色；果梳密或稀，果柄、果指细短，果指微弯，棱不明显，基部粗，顶部略细；果实软熟后皮薄，浅黄色，肉乳白色，肉质细腻，味甜微香；子房 3 室不易分离；适应性较强，生长壮旺，对肥水要求不高，株产 10～20 kg；抗叶斑病，抗寒力比香蕉强，抗风力和土壤适应性比大蕉弱，粉蕉成片栽培时易感染束顶病和枯萎病。

四、龙牙蕉及其他优稀类型

1. 龙牙蕉

又称过山香、美蕉。茎高 2.5～3.5 m，茎周 50～55 cm。整株黄绿色，被蜡粉。叶狭长，基部两侧呈不对称楔形，叶柄沟边缘的翼叶及叶片基部边沿为紫红色。花苞表面紫红色，被白色蜡粉。每穗 6～8 梳，每梳果指数 19 条，果指长 9～14 cm，果实生长前期常呈扭曲状，充分长成后果指饱满近圆形、略弯，软熟后皮薄、鲜黄色；果肉乳黄色，肉质细腻，略带香气，品质优。株产 10～20 kg。较耐花叶心腐病和叶斑病，但易感染枯萎病，果实黄熟后容易开裂。

2. 贡蕉

引自马来西亚。我国零星栽种，又名米蕉。株高 2.3 m 以上，茎周 50 cm，叶柄基部有分散的褐色斑块。每穗 4～5 梳，每梳果指数 17 条，果指短小而直，圆形无棱，长约 10 cm。成熟果皮金黄色，果肉黄色，芳香细腻，品质优异。成片栽培时容易感染枯萎病。

3. 米指蕉

又称小米蕉或夫人指蕉。云南河口零星栽种。茎高 3.5～4 m，茎周 75 cm，果穗斜生，每穗 6 梳，每梳果指数 19，果指直而短小，长约 9 cm，穗重 5～9 kg。果肉黄色，肉质细滑，味酸甜，芳香，品质优。

海南是香蕉种植大省，主要分布于东方、陵水、三亚、乐东、文昌、琼海、万宁、澄迈、临高、白沙等地，其中产量最大的是澄迈和东方。海南属于热带季风气候，香蕉全年可成熟收获，集中上市期一般在中秋、春节前与清明前后，目前主要有巴西蕉、宝岛蕉、南天黄、桂蕉抗 2 号与中蕉 9 号等品种。

第二节 壮苗培育

香蕉可用吸芽苗、块茎苗和组织培养苗作为种苗，目前生产上多采用组织培养苗。

一、吸芽苗

香蕉植株在其生长发育过程中会通过地下走茎在母株周围不断地生长出吸芽。根据吸芽的性状和来源分为剑芽和大叶芽。剑芽可以选留作继代母株，也可用作种苗。剑芽因抽生时期不同分为红笋和缕衣芽。

(一) 红笋

红笋是天气回暖后长出地面的吸芽。这种吸芽基部粗壮，上部尖细，叶细小，因其色泽嫩红而得名。一般在苗高 40 cm 以上才移植。

(二) 缕衣芽

缕衣芽是香蕉上一年抽出的芽，生长后期气温较低，地上部生长慢，地下部的养分积累较多，形成下大上小的形状，即叶片狭窄、细小，而根系多，适合用作种苗。

(三) 大叶芽

大叶芽是指香蕉接近地面的芽眼或在生长弱的母株上或从地上部已经死亡的母株上长出的吸芽。由于摆脱了母株的抑制作用，吸芽叶片可迅速扩展，故名大叶芽。但因与母株的联系差，大叶芽的假茎较纤细，地下球茎较小，极少用作种苗。

生产上根据香蕉上市时间和生长周期等因素选择把不合适的吸芽

除掉，即除芽；在为下一代蕉生产做准备的时段会根据吸芽的发生情况进行选留，即留芽。吸芽作为香蕉重要的繁殖工具，不仅对香蕉的产量和品质有着重要的影响，还可以调整香蕉的上市时间，一般在母株抽蕾后选留一个健壮的吸芽继承母株继续进行香蕉的生产，即定芽。

吸芽苗应选择球茎粗大充实、幼叶展幅狭小的剑芽，或由剑芽长成的高 1.2~1.5 m、根多、幼叶未展开的健壮吸芽苗，不宜采用假茎细弱、远离母株、叶片早展开的大叶芽。春植可选褛衣芽，夏秋植可选红笋或从已采收的蕉头抽出的健壮大叶芽。种苗应从品种纯正、无病虫的蕉园选取。若在线虫疫区取苗，必须经过消毒，即吸芽苗挖出后剪除根系，然后在 53~55 ℃的温水中浸泡 20 min。褛衣芽根系较多，定植后先长根后出叶，生长迅速，结果早。红笋定植后先出叶后长根，只要季节合适，均容易成活。吸芽苗在种植第一造就可获得较高产量。缺点是容易带病原菌，植株间一致性较差。

二、块茎苗

香蕉的株龄 6 个月以内、距离地面 15 cm 处茎粗 15 cm 以上的吸芽，均可取块茎作为种苗。取苗时将假茎留 10~15 cm 高切断，挖起块茎即可。块茎苗的优点是运输方便、成活率高、生长结果整齐、植株矮、较抗风。但高温多雨季节块茎切口易腐烂，应少伤害母株，必要时对块茎进行消毒。

块茎苗的繁育。将地下茎挖出后，切成 120 g 以上的小块，大的地下茎可切成 8 块，小的切成 2 块，每块留 1 个粗壮芽眼，切口涂草木灰防腐。按株行距 15 cm，把切块平放于畦上，芽朝上，再盖一薄层土、覆草，长根、出芽后施肥。到苗高 40~50 cm 可移植。块茎的第一代苗的产量稍低于吸芽苗。

三、组织培养苗

以特定营养成分的无菌培养基，从香蕉芽的顶端分生组织诱导不定芽，经过多次继代培养增殖和诱导生根，成为试管苗。试管苗转移到温室苗床上，经过 2～3 个月培育，株高 15 cm、12 片叶时即可作为种苗。生产组培苗前，香蕉外植体可经脱毒处理并经病毒检测，培育脱毒苗。组培苗的优点是运输方便，成活率高，生长发育期一致，采收期集中等；缺点是初期纤弱，易感病虫害，需特别保护。我国香蕉试管苗年生产量超过 1 亿株，香蕉试管苗在主产区的普及率达到 90％以上。

新植苗的发育状况介于大叶芽与剑芽宿根苗之间。长新根前，新植苗从球茎吸取养料，不过，第一代吸芽不受母株控制，其营养生长期比宿根剑芽短约 20％，果穗小 20％～40％。较长的营养生长期有利于形成强壮的根系和球茎。

组织培养苗的壮苗要求长势健壮，高度和叶片数整齐一致，根系新鲜无褐化，无矮化、徒长、花叶、黄化、畸形等变异，无病虫害。

第三节　建　园

一、蕉园选址

宜选地势平缓、无周期性低温危害、无风害、灌排水良好的肥沃沙壤土。热带地区大部分香蕉种植区周年无霜或霜冻不严重，空气流通，地势开阔，土层深厚、疏松、肥沃，但注意不选用重碱、黏土、沙土或易积水的地段。山地丘陵地区选择海拔低于 500 m，避风避寒、背北向南的地块。沿海地区还要选择台风危害不严重，有天然屏障的地势或营造防风林。香蕉不宜连作，最好轮作 1～2 造其他作物。

二、整地

坡地栽植，过去常采用等高梯田种植，目前逐步推广深沟种植，方法是在等高线上挖一深沟，沟面宽 80 cm，沟底宽 70 cm，沟深 50 cm，单行种植，沟内回填表土，增施有机肥，回土后略呈沟状。这样，可充分利用自然降水，保持土壤湿润。

平地栽植，建园时先深翻作畦，采用高畦深沟方式栽培，园地四周挖宽 1 m、深 1.5 m 的排灌沟，畦沟深 50～60 cm。一般畦面和排水沟共宽 4 m，每畦植蕉两行，蕉穴离畦边 50 cm，行距 2.4 m，植穴的大小视质地而定。土质愈硬，挖的穴愈大，一般宽 60～80 cm，深 60 cm。

种植前 10～20 d 挖好植穴。土壤 pH 小于 6.5 的地段要施石灰调节，石灰用量一般为 250 g/m^2。植穴种植的蕉园，石灰要与土壤混匀后回穴；采用壕沟式种植的，石灰也要混入深层土壤。每穴施有机肥 2.5～5 kg、三元复合肥（15 - 15 - 15）0.1 kg、过磷酸钙 0.35～0.5 kg。

三、栽植时期

热带地区一年四季均可栽植香蕉，规模化栽植通常进行秋植。秋植宜在 8～9 月，以中秋前后为好，植后有 2 个月左右生长，当年扎好根，积累一定养分，过冬时已有 8～10 片大叶，抗寒能力较强，即使遇到轻度霜冻，对生长影响也不大，次年春暖后生长迅速，4～6 月收获，产量高、品质好。

四、栽植密度

（一）种植方式

我国多采用单行或双行种植，宿根蕉采取单行留单芽、单行留双芽或双行种植。水田蕉园多采用一畦双行，蕉株以长方形、正方形或三角形排列，水位高时一畦一行；台地、坡地宜单行种植，留双芽。株距 1.5～1.8 m。双行种植时，窄行间距 1.5～1.8 m，宽行间距最宽可达 3～3.5 m，以利各种操作机械行走。机械化程度较低时，宽行间距可为 2.5 m 左右。单行留双芽的，株距 1.8 m，行距 2.5～3 m。

种苗按高矮、大小分片种植，便于管理。当天起苗当天植，挖苗、运苗和种植过程避免折断或擦伤。组培苗不宜弄散根部泥团，入穴后用碎土压实，上面盖一层松土。栽植深度以深于蕉头 6 cm 左右为宜，过深过浅均不利于生长，植穴适当施些煤灰，利于根系生长。香蕉苗伤口要统一朝向，利于以后整齐留苗，便于管理。种后将泥土踏实，淋水，做好覆盖、防晒工作。大苗定植适当剪除部分叶片，减少蒸腾失水，提高成活率。种吸芽的，把蕉头的芽眼挖除，种后减少营养消耗。植后蕉苗基部盖草并淋足水，无降雨时 2～3 d 淋水 1 次。

（二）种植密度

栽植密度视香蕉种类、品种、土壤肥力、单造或多造蕉、地势、机械化管理程度而定。栽植方式采用长方形、正方形和三角形。一般单株植的株行距：矮蕉 2.0 m×2.3 m，2 175 株/hm²；中型蕉 2.0 m×2.5 m，1 875 株/hm²；高把蕉 2.3 m×2.5 m 或 2.7 m×2.7 m，1 365～1 740 株/hm²。例如目前推广种植的威廉斯种植密度以 1 650～1 800 株/hm² 较为适宜，即株行距为 2.3 m×2.5 m，可获得高产优质。

第四节　水肥管理

一、水分管理

（一）灌溉

香蕉旺盛生长期需水较多，抽蕾期为需水敏感期，水分过多或者不足均影响产量。香蕉每制造 1 g 干物质，需从土壤中吸收 600 g 的水。有灌溉条件的蕉园，每株年平均可长叶片 32.8～37.3

片；无灌溉条件的蕉园年平均长叶片仅 28.9 片。因此，灌溉能加快香蕉生长，提早结果，增加产量。我国香蕉产区降水多集中在5～8月，秋冬干旱，尤其坡地受干旱更为突出。

在水源充足、灌溉方便的蕉园可用沟灌，将水排入灌沟中，浸水至根下，日排夜灌。目前生产上多采用安装滴灌设施，进行水肥一体化管理。每公顷设 9～12 个喷头，每次喷 5～6 h，每 7～14 d 喷 1 次，喷灌法在有叶部病害的蕉园可能加速病害传播。各种灌溉方式的差异主要在于湿润的土壤范围不同。水肥一体化技术可节省灌溉和施肥的人工，提高肥料利用率，减少施肥数量，节水，一定程度上调节果树的生长发育规律，使果树高产优质。

（二）排水

香蕉忌积水或地下水位过高。排水不良，积水或地下水位过高，会使土壤空隙长时间充满水分。限制土壤和地面空气交换，造成涝害，引起烂根。热带地区，雨量集中，5～8 月常有大雨或大暴雨。因此，在雨季来临前应结合培土修好排水沟，防止畦面积水。

二、肥料管理

（一）香蕉对营养元素的需求

香蕉是需氮、钾高而需磷少的作物，其中钾的消耗量为氮的2～3 倍甚至更高。香蕉氮、磷、钾施肥配比以 1：（0.2～0.4）：（1.3～2.0）为宜。大蕉、粉蕉和龙牙蕉的需钾量比香蕉多，但是其单株产量不如香蕉高，总施肥量少些。

（二）肥料种类

单质肥料可选择硫酸铵、氯化铵、硝酸铵、尿素、过磷酸钙、硫酸钾、氯化钾、生石灰或石灰石粉、硫酸钙等。复合肥最好选用高钾、高氮的专用复合肥。有机肥包括人畜粪尿、禽粪、动物废弃物、鱼肥、厩肥等动物性有机肥及秸秆、绿肥等植物性有机肥，有机肥必须腐熟后方可施用。有机肥适量配合化学肥料施用可达到增产、稳产和改善品质的三重目的。

（三）施肥量

生产上香蕉全生育期分为三个阶段：营养生长期、花芽分化期和果实发育期。各地的施肥量有所不同，一般每株用尿素 0.5 kg、过磷酸钙 0.56 kg、氯化钾 1 kg、复合肥 2 kg、花生麸 1 kg。香蕉的施肥是采用前促、中攻、后补的原则。各生育期的施肥量分别为：营养生长期 35%，花芽分化期 50%，果实发育期 15%。其中香蕉营养生长期对肥料反应最敏感，是重要的养分临界期，施肥的增产效果常优于后期大量施肥。大部分肥料需在抽穗前施完。种植成活或留定吸芽后，就要开始施肥。另外种植前底肥要施足，还要施入提苗肥和抽蕾后壮果肥。

大部分香蕉产区属于雨季和旱季分明的亚热带气候，土壤为红壤土，土质较瘦瘠，雨季淋溶较重，故施肥量一般大些。以海南省每公顷种植 1 650 株香蕉的中产田为例，每年每公顷施肥量为氮 525~975 kg、磷 116~215 kg、钾 923~1 710 kg，每月施 1 次，分 6 次于抽蕾前后施完，每次施肥量分别为 5%、10%、20%、30%、20%、15%。也可用三元复合肥或其他水溶肥，根据香蕉营养诊断指导氮、磷、钾比例为 1:0.5:3 进行合理施肥。

龙牙蕉施肥量只需香蕉的 85%，大蕉和粉蕉则为香蕉的 50%~65%。施肥次数根据香蕉的生长发育期、肥料种类、土壤类型及气候条件等而定。

（四）施肥方法

可分沟施和撒施两种。栽植前的基肥为沟施，即离蕉头 40 cm 处开一半圆形沟。沟深 20~30 cm，施后盖上土。尿素、钾肥、复合肥采用撒施，即在多雨季节施用，也可开 10 cm 浅沟，施肥后盖土，花芽分化前后的 2~3 次大肥不适用沟施，可直接撒于地表，然后盖土，以免伤根。施后淋水，保湿土壤，提高肥料利用率。

沙质土、肥力低的蕉园或多雨季节，施肥宜少量多次。排水不良、根系发育不良或台风后根系折断，影响养分吸收时，可配合根外追肥。有些现代蕉园采用滴灌施肥技术即水肥一体化，既节省人工成本，又大大减少肥分流失。

第五节　植株管理

一、割叶

香蕉全生长发育期生成 35～43 片叶，其中剑叶 8～15 片、小叶 8～14 片、大叶 10～20 片。每个时期健康功能叶维持在 10～15 片便可实现高产目标。香蕉的功能叶片只能维持数月便枯死，所以香蕉的整个生育期，都要做好田间检查工作，一般每月割除一次腐烂、干枯下垂或感染叶斑病的叶片，集中养分供应给果实，增强通风透光性，减少病虫滋生场所，避免感染其他蕉叶。果穗周围的叶片，接触到果实，从着生处割除整张或部分叶片，以免划伤果皮引起斑痕。

二、除芽

环生于香蕉母株球茎上的吸芽很多，除芽可减少养分的消耗。规模化栽植香蕉，种苗都选用组培苗，田间管理时保护好母株，将吸芽全部清除，集中养分，提高产量。小面积栽植香蕉需要留 1～2 个芽接替母株。每年所需的吸芽留足后，多余的吸芽应及时除去，以免影响母株的生长和结果。母株留的吸芽多，养分消耗大，会降低产量。吸芽的抽生，多在 3～7 月，8 月以后吸芽抽生明显减少，因此在 3～7 月，每隔 15 d 左右除芽一次，8 月以后每月除芽一次。除芽时可用蕉铲从母株与吸芽连接处切离吸芽，但此法伤根太多。也可用蕉铲齐地面把吸芽铲除，然后挖掉生长点，以防再生。

三、防倒

香蕉的假茎由老叶和叶鞘抱合而成，起支撑和疏导作用。真正的地上茎结构柔软，只有疏导作用。而且香蕉根系浅、植株高大，受风面积大，容易遭遇风害而倒伏。抽蕾前或台风来临前，生产上常架立支柱防风，用粗壮的竹竿或木杆，背风向撑好绑稳。在风大、土层浅、根浅地区，幼苗栽种后即需立支柱。也可在四周的边株各打一木桩，园内各植株用尼龙线绑成棋盘式相互拉紧，最后把绳固定在木桩上，防风性能较好。亦可在植株抽蕾后用尼龙线绑缚果轴后反方向牵引绑在邻近蕉株假茎离地面约 20 cm 处，全园植株互相牵引，防止植株倒伏。

四、灾后管理

(一) 冷害后的管理

香蕉生长的最适温度为 24～32 ℃，11～13 ℃开始出现冷害。如果是冷害较轻、假茎未受害的香蕉植株，可以割除受伤害叶片和叶鞘，防止感染病害。对孕蕾的植株，可用利刀在假茎上部花穗即将抽出处，割一条长 15～20 cm、深 3～4 cm 的浅切口，引导花穗从侧面切口处抽出。受冷害的母株，可除去头年秋季预留的吸芽，改留发育期较晚的小吸芽。如果母株地上部大部分受冷害死亡，不管是否已抽蕾，都应尽快砍去母株，使吸芽迅速生长，争取在下一个冬季来临前收果。

温馨提示

受过冷害的香蕉植株，要尽早施速效氮肥。

（二）涝害后的管理

遭受涝害的植株先剪去部分叶片，然后在树体和受淹部位喷药防病，可用甲基硫菌灵等药剂喷树体、淋蕉头。严重受涝的蕉园，吸芽可能尚有生活力，可砍去老蕉株，促吸芽重新生长代替之。

（三）台风灾害后的管理

接近成熟的蕉株在台风来临前割去部分叶片。台风危害后及时扶正倒伏的蕉苗并培土。大蕉株若未折断，可小心地连同支柱扶正，培土护根，经过1周植株稍恢复生长后，施以稀的肥料，干旱则灌水。砍除折断的植株，加快吸芽生长。无吸芽的，可砍去倒伏株的假茎上半部，重新把母株种下。进行一次全园喷药，防治病虫害。

五、采后砍蕉

香蕉果穗收获后及时清理假茎。实施多造蕉制时，采后在假茎1.5 m高处砍断蕉株，让树体残留营养回流至球茎，供吸芽利用。经60~70 d残茎腐烂时挖去旧蕉头。若采后留下全部假茎和叶片，让旧蕉株慢慢腐烂死亡，则提供给吸芽的光合产物更多，比采后立即砍掉假茎对吸芽的生长更为有利。

第六节　花果管理

一、校蕾和断蕾

香蕉在抽出花蕾时正好被叶柄托着，不能下垂，可人工将花蕾移侧，使其能下垂生长，称为校蕾。校蕾有利于花蕾下垂，防止果穗畸形或花轴折断。

香蕉抽蕾后，雌花先开，接着开中性花，最后开雄花。中性花及雄花不能结果，会消耗植株养分，降低产量。当花蕾开至中性花或者雄性花后，用刀将它除去，称为断蕾。断蕾的目的是减少养分消耗，提高产量。结合断蕾，一般每株只留8～10梳，多的疏除。断蕾的方法是在离最后一疏果8～10 cm处将花蕾割掉。

香蕉断蕾时间宜在晴天午后进行，伤口愈合快，伤流液少。避免在雨天或早上有雾时断蕾，断口不易愈合，且细菌容易入侵伤口引起腐烂。断蕾时在断口处涂抹杀菌剂溶液，并用塑料膜包扎伤口，可有效预防伤口感染。

二、防晒

果轴容易受烈日暴晒而灼伤，阻碍养分运输，影响产量。抹花后把果穗梗上的叶片拉下来，包盖果轴，再用枯叶数片，遮盖果穗向阳面，并用蕉叶的中脉将其捆好。矮秆香蕉与中秆香蕉适当密植，植株在抽蕾后叶片相互遮阴，日灼程度减少。

三、抹花

香蕉抹花是提高香蕉品质和外观质量的关键技术之一。通过抹花可以集中养分供果实生长，避免幼蕉被香蕉干花刺伤，也避免香蕉干花划破香蕉果穗上套的果袋。当香蕉果梳的果指展开，由向下转到水平指向时进行抹花。此时花冠呈黑褐色，很容易脱落，抹花后，果指流出的果汁少，对其发育影响小。

抹花时用拇指和食指夹住花瓣中部，向上或向下用力掰断花瓣和花柱。生产上抹花分2次完成。第1次抹花在上部花蕾伸开3～4梳蕉梳时，抹去此3～4梳的蕉花。抹花前先用塑料薄膜、旧报纸、吸水纸或干的蕉叶，在香蕉梳与梳之间垫好，以防抹花时蕉果流出汁液污染果指，然后从上往下逐梳抹去所有蕉梳上的蕉花，把每个果指末端的花柱及花瓣全部抹掉。余下蕉梳的蕉花在疏果、断蕾时，再抹除。每次抹花后，用 70％甲基硫菌灵可湿性粉剂 1 000 倍液喷施，或用浸有明矾饱和溶液的海绵或布涂抹，减少乳汁污染，保护伤口。

不抹花，香蕉套袋后果指会发霉，品质下降。抹花后果实病害减少、品质提高，收购价可提高 10％～20％。

四、疏果

疏果在香蕉抽蕾后一个月左右进行，可与抹花同时进行。摘除香蕉的畸形果、单层果、三层果、双连果、超生果和不完整果等。冬蕉不多于 24 条/梳，春夏蕉不多于 26 条/梳。头把蕉少于 10 条单果的，要整梳疏掉。尾把蕉少于 16 条单果的，要整梳疏掉。当果穗上出现小指的果梳时，要整梳疏掉。一般每株香蕉保留 8～10 果梳，多余的要摘除。

五、果穗套袋

套袋能有效地减少病虫害、农药污染和机械伤，果实色泽好，品质优。一般在断蕾后 10 d 左右进行。此时香蕉果指向上弯曲，蕉皮转青。选择晴天上午，喷保护药，药液干后梳与梳之间垫上一层干净的珍珠棉垫，避免梳间蕉指的摩擦受伤，垫好后用蓝色香蕉专用袋将果穗从下往上套好。套袋时先将顶叶覆盖于果轴、果穗上再套袋，果袋上口扎于果轴距头把蕉大于等于 30 cm 处，果袋要与所有的果梳有 1 cm 以上的距离。袋的长度以超出果穗上部 15～45 cm、下部 25 cm 为标准，宽度以果实成熟后仍有一定活动空间为度。套袋时标记日期，利于采收时确定成熟度。

六、促进果实膨大

除了保证香蕉充足的肥水外，生产上还使用一些植物生长调节剂，提高产量。在蕉穗断蕾时和断蕾后 10 d 各喷一次"香蕉丰满剂"等,对促进蕉指增长和长粗,提高产量有良好的效应。在开花期使用 $1\sim3\,mg/L$ 浓度的防落素喷花对促进香蕉果指粗大和提高品质也有效果。

第七节 病虫害防治

一、主要病害

(一)香蕉束顶病

1. 症状

植株矮化,新生叶片一叶比一叶窄、短、直、硬,病叶质脆成束状,叶脉呈现断断续续、长短不一的浓绿色条纹。感病植株不开花结果,在现蕾期感病则果少而小,没有商品价值。

2. 防治方法

及时挖除病株喷药消毒,开穴暴晒半月后再补种无病种苗,及时喷药杀灭交脉蚜。

(二)枯萎病

1. 症状

香蕉枯萎病俗称黄叶病、巴拿马枯萎病,蔓延快,是一种毁灭性病害。病株下部叶片及靠外的叶鞘首先呈现特异的黄色,初期在叶片边缘发生,后逐步向中肋扩展,感病叶片迅速凋萎,由黄变褐而干枯,其最后一片顶叶往往延迟抽出或不能抽出,最后病株枯死。个别植株不枯死,但果实发育不良,品质低劣。

2. 防治方法

发现病株要立即连根拔起销毁,把病株斩碎,装入塑料袋内,加入石灰并封密袋口,移出且远离蕉园荒地。病株去除后,病穴撒施石灰粉或喷洒福尔马林液进行消毒。病穴周围两米范围的蕉株用噁霉灵或甲基硫菌灵、多菌灵等淋根,杀灭病菌,预防病菌传染。

(三) 叶斑病

1. 症状

主要危害叶片。蕉叶染病呈褐色长条斑、椭圆斑、绿枯斑，逐叶枯萎衰败。染病香蕉慢抽蕾，果穗瘦，品质劣，抗寒力弱，严重减产减收。

2. 防治方法

可用硫黄、代森锰锌、苯醚甲环唑、多菌灵等，先喷洒蕉头周围表土，再自下而上喷洒假茎及心叶以下蕉叶正、背面。特别是暴雨过后及时喷药防治。

(四) 炭疽病

1. 症状

主要危害香蕉的果实，也可危害叶片、花序、果轴等。危害叶片时，叶片黄化。危害果实时，在果端附近先发病，初时为暗褐色的小斑点，之后病斑迅速扩大，可数斑融合。

2. 防治方法

栽植前，施用石灰调节土壤酸碱度，可以降低病原菌毒性。田间管理时，增施有机肥和钾肥，增强香蕉的抗病力。及时发现病株，彻底挖除。化学防治，可以选用甲基硫菌灵或咪鲜胺等。采收和运输的过程中，尽量减少果皮的机械损伤。

(五) 根结线虫病

1. 危害特点

根结线虫侵害香蕉根部，形成黑根，根短肥、结肿瘤，导致植株矮化、黄叶或丛叶、散把、叶边缘失绿、叶片波浪状皱曲。

2. 防治方法

植前穴施石灰调节土壤酸碱度及施用阿维菌素、辛硫磷防地下害虫。后期可将噻唑膦等杀线虫剂，每株撒施 $10\sim15$ g 于蕉头表土，杀死线虫。加强肥水管理，约 15 d 后如有抽出新叶即是线虫病可不必挖掉。如不能再抽新叶即是束顶病，每株灌入柴油 100 g 使蕉头烂掉再挖去病株，以防传染。

二、主要虫害

(一) 交脉蚜

1. 危害特点

交脉蚜又称蕉蚜、黑蚜。刺吸危害香蕉，使植株生长势受影响，更严重的是其吸食病株汁液后传播香蕉束顶病和花叶心腐病，对香蕉生产有很大危害性。

2. 防治方法

发现病株要及时喷药消灭带毒蚜虫，并挖除病株，防止再度传播病毒。有效药剂可采用10%吡虫啉1 000倍液。

(二) 香蕉象甲

1. 危害特点

香蕉象甲又称香蕉象鼻虫，蛀食假茎、叶柄、花轴、球茎，危害极大，也是台风将香蕉折断的重要原因。

2. 防治方法

在傍晚，用甲氨基阿维菌素苯甲酸盐、氯虫苯甲酰胺、阿克泰、烯啶虫胺等杀虫剂喷洒假茎，毒杀成虫。

(三) 卷叶虫

1. 危害特点

虫苞多，叶片残缺不全，阻碍生长，影响产量。

2. 防治方法

摘除虫苞，保护天敌赤眼蜂、小茧蜂，喷药防治第三、四代幼虫，可用甲氨基阿维菌素苯甲酸盐、氯虫苯甲酰胺喷雾防治。

第八节　采　收

一、采收时间

根据市场对蕉指粗度的要求、运输距离远近和预期贮藏时间长短来确定采收成熟度，即蕉指的饱满度。果指饱满度到 6.5 成时，催熟后基本可食；饱满度超过 9 成时，催熟后果皮易开裂。因此，宜在饱满度 7～9 成时采收。供长期贮藏或远距离运输的，采收饱满度要求低些，如从广州运往东北和西北时，饱满度 7 成即可；而运往北京、上海的以 7～7.5 成为宜；运往湖南、江西等地的可在 7.5～8 成时采收；供当地销售的饱满度可在 8～9 成时采收。

饱满度与果指粗度之间的联系，经验性判断是看棱角的明显程度与色泽，随着果指生长的充实，棱角由锐变钝，最后呈近圆形，越近成熟的蕉指，其果皮绿色越淡，饱满度越高，则产量越高，品质越好，但不耐贮藏。一般以果穗中部果指的成熟度为准，果身近于平饱时为 7 成，果身圆满但尚见棱的为 8 成，圆满无棱则在 9 成以上。管理不正常或未断蕾者果穗上下果梳的成熟度不一致。

以断蕾或抽蕾后的发育天数并结合测定果指粗度来判断采收成熟度是较准确的做法，如 5～8 月抽蕾的，65～90 d 可达到成熟度 7～9 成；而 10～12 月抽蕾的，则要 130～150 d。海南、广东低海拔地区果实发育期短，而广西和云南南部海拔较高地区果实发育期长。

二、采收方法

采收过程要求果穗不着地，绝对避免果指机械伤。生产上多采用索道悬挂式无着地采收方式采收。两人一组，先把蕉株拦腰斩断，植株缓慢倾斜，一人托住果穗，用链条或绳索将果轴基部弯曲处缚住，另一人砍断果轴。果轴长度要留 15～20 cm。果穗缚吊在铁索上，从索道引至加工包装场地，从采收到包装，果穗不着地，机械损伤少，果实外观品质好。没有索道悬挂的，两人抬或担至处理场，放置果穗要垫有棉毡、海绵等软物，避免果实间相互挤伤、擦伤和碰撞。机械采收的用吊臂勾住果穗，用做成双斜立面、加软垫的车厢把果穗运至加工厂。

三、采后处理与包装

靠近香蕉园设立采后处理工场。工场存放的果穗最好悬挂起来，避免挤压受伤。在工场将果梳分切下来，用流水或在清洁池内清洗，除去果顶的残留物。按照市场要求将果梳分切，不用任何药剂处理，晾干水汽和降低到规定温度后包装于内衬塑料袋的开孔纸箱中，有的先用塑料袋抽真空并置入乙烯吸收剂包装。

四、适宜的贮运条件

香蕉贮藏适温 13～15 ℃，相对湿度 90%～95%，注意通风换气。夏季高温期，宜用制冷集装箱、机械保温车或加冰保温车；冷凉季节用普通篷车。车厢内货物要排列整齐，并留有一定空隙，以利空气流通和降温。运入气温低于 12 ℃的地区时需有保温设备。运抵销售地后要及时入库。仓库应该有通风换气和控温设施，库房内地面设搁板，蕉箱排列整齐，留通风道，以利通风换气。大型仓库抽气设备每小时换气 1 次。

五、香蕉催熟

温度、催熟剂和蕉果的生理成熟度等都关系到蕉果催熟转色的快慢和效果。16～24 ℃为黄熟适温，温度高则转色快，28 ℃以上高温果皮不能黄熟而出现"青皮熟"现象。果肉内每相差 2 ℃，成熟期可相差 1～2 d。催熟剂常用乙烯利，浓度为 500～1 500 mg/L，乙烯利浓度每相差 500 mg/L，成熟期可相差 1 d。在 28 ℃以上催熟，乙烯利浓度以 150～300 mg/L 为宜。

此外，还要注意催熟房的湿度和换气，保持相对湿度在

80%~90%，CO_2 浓度不得超过 5%。催熟作业周期太短会缩短货架零售期，一般以乙烯利处理 24 h 后即进行控温转色，作业以 5~6 d 为宜。转色期要逐渐降低温度至 14 ℃，相对湿度至 80%，以免果皮过软而裂皮和断指脱把。皮色转黄、果顶及指梗尚带浅绿色时上货架最好，一般可零售 4~5 d。

第十一章 菠 萝

菠萝是我国热带和亚热带地区的四大名果之一。菠萝属凤梨科凤梨属，为多年生常绿草本植物。

第一节 品种类型

一、种类

在栽培上菠萝均采取无性繁殖，它的变异较少，因此品种也较少，主要栽培品种更不多。目前菠萝品种有六七十个，分为皇后类、卡因类、西班牙类和杂交种类四类。在海南省种植比较多的是皇后类和卡因类。皇后类的代表品种有巴厘，卡因类的代表品种有沙捞越。

（一）卡因类

栽培极广，约占全世界菠萝栽培面积的80%。植株高大健壮，叶缘无刺或叶尖有少许刺。果大，平均单果重1 100 g以上，圆筒形，小果扁平，果眼浅，苞片短而宽；果肉淡黄色，汁多，甜酸适中，可溶性固形物含量14%～16%，高的可达20%以上，酸含量0.5%～0.6%，为制罐头的主要品种。

（二）皇后类

系最古老的栽培品种，有400多年栽培历史，为南非、越南和中国的主栽品种之一。植株中等大，叶比卡因类短，叶缘有刺；果圆筒形或圆锥形，单果重400～1 500 g，小果锥状突起，果眼深，苞片尖端超过小果；果肉黄至深黄色，肉质脆嫩，糖含量高，汁多味甜，香味浓郁，鲜食为主。

（三）西班牙类

植株较大，叶较软，黄绿色，叶缘有红色刺，也有无刺品种；果中等大，单果重 500～1 000 g，小果扁平，中央凸起或凹陷；果眼深，果肉橙黄色，香味浓，纤维多，供制罐头和果汁。

（四）杂交种类

是通过有性杂交等手段培育的杂交种良种。植株高大直立，叶缘有刺，花淡紫色，果形欠端正，单果重 1 200～1 500 g。果肉色黄，质爽脆，纤维少，清甜可口，可溶性固形物含量 11％～15％，酸含量 0.3％～0.6％，既可鲜食，也可加工罐头。

二、主要品种

海南各地主要栽培品种及其特征如下：

1. 巴厘

目前海南 70％以上的栽培品种，是主要的反季节北运水果。植株较卡因种小，但生长势强，叶片较卡因种小且短阔，叶色青绿带黄，叶背有白粉，叶面彩带明显，叶缘有刺。吸芽一般有 2～3 个，顶芽较卡因种和西班牙种小。3 月开花，花淡紫色。果形端正，圆筒形或椭圆形以至稍呈圆锥形，中等大，单果重 0.75～1.5 kg，大的 2.5 kg。果眼较小且较深，呈棱状突起。最适合鲜食。5～6 月成熟。果皮和果肉均金黄色，肉质爽脆，纤维少，风味香甜，品质上等。该品种适应性强，比较抗旱耐寒，且能高产稳产，果实也比较耐贮运。缺点是：叶缘有刺，田间管理不方便；果眼比较深，加工成品率比卡因种低。

2. 无刺卡因种（沙拉瓦、沙捞越）

该品种植株高大，株高 70～90 cm，生长较强健，开张性，分头。叶宽大、厚而长，开张，叶缘无刺，近叶尖及基部有刺，叶片光滑，浓绿，中央有一条紫红色彩带，叶背有白粉。吸芽萌发迟，只有 1～2 个，顶芽小。果呈圆筒形或圆锥形，中果型，平均果重 1.0～3.0 kg。7～8 月成熟，较为高产、稳产，成熟时黄色至金黄色，果眼较小，呈棱状突起，阔而浅平。果肉金黄色，鲜艳半透明。肉质细嫩，多汁，含糖多，甜酸适中，香味浓厚，果心小，品质上等，适合罐藏加工，成品率高。对肥水要求较高，抗病能力较差，易感凋萎病。果皮薄，果实容易受烈日灼伤及病虫危害，从而引起腐烂。果实不耐贮运。

3. 土种

本地自留种。菠萝植株中等大小，叶片细长而厚，叶尖常带红色，叶缘刺多而密。果瘦长，果小，重 0.5～1 kg，圆筒形，顶部尖，果心较大，果眼较深，肉浅黄至白色，汁少，味酸，香味浓，纤维多且粗，品质一般，迟熟。因吸芽大数量多，果小，产量较低，栽培日渐减少。

4. 台农 4 号

植株长势壮旺，植株外形与一般菠萝相似，叶缘有硬刺，叶片开张、较大且厚，叶色近赤紫色；果实较大，果眼突出，平均单果重 1.5～1.8 kg，甜度高，可溶性固形物含量 16.1%，酸含量 0.4%～0.5%。鲜食时不必削皮，沿着果眼剥食，既方便又好吃，不沾手，不伤嘴。香味浓，果心脆嫩，品质优良，售价高，畅销国际市场。

5. 台农 16

株高 90 cm 左右，叶缘无刺，叶表面中轴呈紫红色，有隆起条纹，边缘绿色。花期 20～25 d，现蕾到成熟需 135～140 d。小花外苞片紫色。平均果重 1.4 kg，小果数 93～260 个。果实长圆筒形，成熟果皮橘黄色，果肉黄或淡黄色，纤维少，肉质细致。芽眼浅，切片可食，不必刻芽眼。可溶性固形物含量 17%，酸度 0.4%，具有特殊香梨风味。

6. 台农 17

又称春蜜菠萝，金钻 17。株高 89.7 cm，叶绿无刺，叶面略呈褐色，两边及下半段为草绿色。平均果重 1 kg 以上，圆筒形，整齐美观。成熟果皮黄且稍带紫红色，果皮薄，芽眼浅，果肉黄或深黄色，质细密，细嫩可口，但果心稍大。果圆锥或者圆塔形；平均单果重 1.5～2 kg。果皮绿色夹杂黄色，果肉黄色；可溶性固形物含量 12％～15％，纤维度低。

第二节　种苗培育

　　菠萝种苗，除了杂交育种用种子繁殖外，一般是用顶芽、裔芽、吸芽及茎部等进行无性繁殖。也有采用整形素催芽繁殖、组织培养育苗、老茎切片育苗等。无性繁殖的菠萝苗，也常发生各种不良的变异，如多顶芽、鸡冠果、扇形果、多裔果、畸形果等，甚至不结果，所以在繁殖采芽时，应注意母株的选择。目前海南生产上大部分采用裔芽、吸芽和顶芽三种芽种进行无性繁殖，少量采用组培苗种植。

一、小苗培育

　　集中果园中的小顶芽、小托芽、小吸芽，分类种植在苗圃中。
　　留出育苗地，整地起畦，施下基肥后等待育芽。将采集来的小芽按大小分级，以 5～10 cm² 的株行距假植，种植不宜过深，以利根叶伸展。待小苗长至 25 cm 即可出圃供应定植。苗圃地宜选择离种植大田较近、土壤疏松、排水良好、土壤肥沃的坡地，先将苗圃地犁耙，然后起畦，畦长 15～20 m，高 20 cm，宽 1 m，畦沟宽 30～50 cm。

二、延留柄上托芽和延缓更新期育苗

　　采果后留在果柄上的小裔芽仍能继续生长，长至高 25 cm 时摘下做种苗，对于待更新地段推迟耕翻，并以正常施肥培土管理护理一段时间，如喷水肥或过后撒施速效肥，使小芽迅速粗壮以供定植，然后翻地更新，可增加不少种苗。

三、植株挖生长点育苗

在优良品种推广当中出现种苗奇缺的情况，利用未结果的植株挖去生长点以增殖种苗。待植株生长 20 片绿叶时，用螺丝刀挖除植株生长点，深度以破坏生长点为准，促使吸芽萌发、生长，达到种植标准时定芽定植。植株越大，长出的吸芽越壮，通常以 5～8 月处理最好。一般可长出吸芽 2～5 个。

第三节　园地选择

菠萝适应土壤的范围较广，由花岗岩、石灰岩风化而成的红壤、黄壤，玄武岩风化而成的砖红壤，火山灰形成的土壤，都能正常生长结果。疏松肥沃、土层较深、有机质丰富、排水良好的酸性沙壤土（pH 4.5～5.5），更有利于菠萝生长，一般易获得高产。

菠萝园地宜选择交通便利，靠近水源，土壤深厚、肥沃疏松的东南向或南向丘陵坡地，也可以平地。其中坡度小于 15°的地块可直接种植；15°～20°的斜坡地，阳光充足，种植菠萝较好；坡度超过 20°则管理比较困难，还要做好水土保持工作，如修筑等高梯田。坡地种植菠萝，如果水土流失，会造成根群裸露，后继吸芽上升快，培土困难，植株容易早衰，产量下降，寿命缩短。山脚洼地，虽然土层深厚，保水力强，但如果排水不良，根部就会腐烂，植株黄化枯死，容易感染菠萝凋萎病，不适合种植菠萝。

海南地处南亚热带，雨水较集中，特别是在红壤土地区，土质较黏重，排水尤为重要，丘陵地或低山开建的梯田和等高畦，其内壁一边要开排水沟,然后在园地的四周或中间挖一主排水沟。在山坡凹处要挖多级的贮水沟以便贮水。贮水池除用于灌溉外,还可解决打药、施肥用水问题。

<h2 style="text-align:center">第四节　栽　　植</h2>

一、整地

(一) 施足基肥

菠萝是浅根作物,大部分根群都分布在耕作层 20 cm 以内,耕作层浅、土壤板结不利于菠萝的生长。在种植菠萝前 3~4 个月就要开始耕地,先将地深翻 30 cm,每亩施腐熟鸡粪 1 500 kg、钙镁磷肥 50 kg。双行种植的还要作畦。

(二) 种植畦

菠萝的种植畦有三种:平畦、叠畦和浅沟畦。15°或以下的缓坡地、平地可用平畦,畦面宽 100~150 cm,畦沟宽 30~40 cm,深约 25 cm。较陡的山坡用机械或畜力开荒有困难,可以采用垒畦整地。在保水保肥力差的沙砾土的山地,浅沟种植可起到保水保肥的作用。但在排水不易的地形或黏重土中则易积水烂根,不宜采用。最后在菠萝的种植畦上覆盖黑色地膜,保墒。

二、种苗处理

(一) 种苗分级

海南大部分的北运菠萝收货时间都是在 2~4 月,可在采果时摘下生长健壮的托芽、顶芽,收果后疏除过多的吸芽、地下芽做种苗。这个时期,温度逐渐回升,雨水逐渐增多,定植后很快就会发根生长。

为了便于生产上的管理,使全园菠萝生长一致,种植前要进行种苗统一采收、分级。一般在种植前，先选好采苗圃，再按种苗种植标准把同一品种、同一类芽苗进行统一采收，然后再按种苗的大小、强弱进行分级分类。在分级过程中，把种苗上过多干枯黄叶去掉，把大苗上过长的叶进行部分剪除，把病株剔除。

（二）种苗消毒

种植时先按植株大小将芽苗分开，然后剥去基部的 2～3 片叶，并用 58% 瑞毒·锰锌可湿性粉剂 800 倍液，或 60% 烯酰·乙膦铝可湿性粉剂 500 倍液，或 70% 甲基硫菌灵可湿性粉剂 800 倍液浸苗基部 10～15 min 消毒，晾干后栽植。

三、定植密度

海南全年都可以种植菠萝，但以 4～5 月种植最好，成活率较高。选择晴天栽植，栽植的密度根据不同的品种、土地、管理水平而不同。菠萝种植有 4 种方式：单行、双行、三行和四行。一般种植可参考如下规格：大行距（人行道）0.7 m，小行距 0.5～0.6 m，株距 0.5 m；或大行距 1.1 m，小行距 0.4 m，株距 0.33 m。平地、缓坡地、巴厘种可种植密些；陡坡地、沙拉瓦种可植疏些。在一定的密度范围之内，适当密植菠萝，既可增产，又能减少除草工作量，降低生产成本。一般种植密度为亩植 2 200～4 000 株。

四、定植

把消毒好的菠萝种苗摆放在畦面上。种植时，盖土不超过中央生长点，顶芽种植深度为 3～4 cm，吸芽深 4～5 cm，大吸芽深 6～8 cm。覆土过厚，泥土溅入株心，影响生长或造成腐烂。覆土后压实，保证种苗稳且充分接触土壤，这样菠萝苗出根快，不易因风吹断根、倒伏。

种植时可一手抓幼苗叶片，一手握住锄头或竹片，在定植位用锄头挖小穴放入芽苗后，扶正芽苗，两手用力压实植位土壤。栽植后发现干枯、腐烂、缺株的要及时补栽。

第五节 幼龄菠萝园的管理

一、肥料管理

菠萝在营养生长期，施肥应以氮肥为主，磷、钾肥为辅，目的是促进菠萝叶片抽生，增加叶片数和叶面积，为生殖生长打下基础。定植成活后，每亩施尿素 15～30 kg＋硫酸钾 10～15 kg，或用 0.3％尿素＋1％氯化钾浸出液进行 2～3 次根外追肥。第 2 年春秋季各施肥 1 次，每次每亩施尿素 15 kg、三元复合肥 10 kg、硫酸镁 1.5 kg、硫酸锌 0.5 kg，穴施或雨天撒肥。也可根据菠萝生长情况，每个月喷施叶面肥一次。

二、除草

菠萝是浅根性多年生草本植物，植株矮小，尤其新种植和尚未投产的菠萝园，杂草的不良影响很大。因此，在生产上必须及时清除田间杂草，除草可采用人工或化学药剂除草。由于除草剂对杂草的处理有选择性，且易对菠萝造成伤害。因此，在使用化学方法除草时，应注意选用合适的除草剂，同时在使用过程中注意喷雾器不能有漏水或分头不成雾，否则容易误伤菠萝植株。

三、培土

海南大部分的菠萝都是种植在斜坡上，再加上新植菠萝园土壤疏松，下雨过后，地表的土壤极易被雨水冲刷，造成菠萝根系裸露，严重影响菠萝植株的正常生长，因此，要结合除草进行培土，或在大雨过后，及时把被雨水冲刷或被泥土埋压的小苗扶正培土，把露出的根系埋好。

四、覆盖

菠萝园覆盖可以调节土壤的温度、湿度，抑制杂草生长，减少水分蒸发，减少地表流失，促进菠萝生长，提高产量。覆盖物可以是间种的绿肥，也可以是稻草、绿肥茎秆、地膜等。

五、水分管理

菠萝最忌积水，所以在雨季前都要休整纵横排水沟，以利大暴雨时排水。另外，菠萝虽然耐旱，但在苗期需要较多水分，因此，菠萝苗期干旱，要及时灌溉，可以安装微喷灌或滴灌，以滴灌加覆盖地膜效果最好。

第六节 投产园的管理

一、肥料管理

将要投产或已投产的菠萝园都要继续施肥。将投产和已抽蕾的植株，施肥以钾肥为主，氮、磷肥为辅；而当进入果实发育高峰时，施肥应改为氮肥为主，钾、磷肥为辅。施肥方法有撒施、沟施、穴施和滴灌施肥。

（一）花前肥

一般在催芽前 15～20 d，第 2 年的 7～10 月进行。此时植株心部现红，花序开始分化发育。每亩施复合肥 20～25 kg。这时期由于植株生长高大，株行间较密，不用水肥一体化施肥比较费劲。以前生产上一般在人行道挖穴施下后回土，或者结合灌溉撒施，施肥后要冲洗叶片，防止烧叶。

（二）壮果肥

在菠萝谢花后进行。一般穴施，也可趁下雨撒施在人行道上，不要撒在叶腋中。每亩施钾肥 $10\sim12\,kg$、尿素 $25\,kg$、复合肥 $10\sim$ $15\,kg$。也可以单独施复合肥，每亩施 $25\sim30\,kg$。为了提高果实品质，在果实褪绿时喷 0.1% 磷酸二氢钾，或 $0.3\%\sim0.5\%$ 优质尿素，或叶面宝、高美施等叶面肥。

(三) 壮芽肥

$4\sim7$ 月采果后施的一次肥，此时果实已收完，作为明年结果母株的吸芽正迅速生长。此时的施肥管理尤为重要，直接影响翌年的产量。此期主要施速效化肥，或腐熟的人畜粪尿，每亩施尿素 $15\,kg$、钾肥 $10\,kg$、复合肥 $10\,kg$；或者淋施腐熟稀释人畜粪尿 $1\,000\,kg$ 最好。采果后及时施肥，有利于植株恢复长势，促进幼芽生长，为翌年的丰产打下良好的基础。

(四) 根外追肥

菠萝具气生根，根外追肥更能促进其生长与结果，实现高优栽培。因此在整个生育期，可根据生长结果需求，用 0.2% 磷酸二氢钾加 0.3% 尿素混匀或用 1% 氯化钾浸出液进行多次喷雾，增加植株营养。

二、中耕培土

菠萝结果后，代替母株结果的吸芽自叶腋抽生，位置逐年上升，吸芽的气生根不能直接伸入土中吸收养分和水分，势必削弱生长势，且容易倒伏，故需及时进行培土。

采果后结合施肥、除草，进行中耕培土，可促进土壤疏松通气，使所留吸芽生长健壮，既促进生长结果，又可为翌年高产打下基础。

部分菠萝园还用稻草或野草覆盖地表，起到保水、降温、抑制杂草生长的作用。

三、催花

在海南，菠萝自然开花率只有 85% 左右，而果实成熟的时间又大部分集中在 5 月下旬至 7 月的夏季，这不利于果实的销售与价格的提高。催花，可调节菠萝上市时间，提高经济效益。

（一）植物生长调节剂种类

菠萝常用于催花的植物生长调节剂有电石、乙烯利、萘乙酸和萘乙酸钠等。目前，在海南应用较多和技术较成熟的是乙烯利。

（二）催花时间

巴厘品种在海南 4～5 月催花，9～10 月采收；6～7 月催花，11～12 月采收；8～11 月催花，翌年 1～4 月采收。海南的反季节菠萝一般在 8～9 月催花，翌年 1～4 月收获，沙拉瓦品种则比巴厘品种提早一个月进行催花。

（三）催花植株标准

巴厘品种 33 cm 长的绿叶数 30～35 片，单株重超过 1.5 kg；沙拉瓦品种 40 cm 长的绿叶应有 40 片，单株重则超过 2 kg。

（四）催花浓度

乙烯利催花的浓度要求不严格，250～1 000 mg/kg 都有效且安全；萘乙酸和萘乙酸钠催花，通常使用浓度为 4～40 mg/kg，其中以 15～20 mg/kg 效果好。具体操作应根据气候和品种不同而异，气温越高使用浓度越低，如巴厘品种使用乙烯利的浓度为 400 mg/kg；气温低使用浓度略微提高，如沙拉瓦品种使用乙烯利的浓度为 800 mg/kg。

经乙烯利催花的菠萝，25～28 d 抽蕾，抽蕾率达 95% 以上。萘乙酸或萘乙酸钠催花，经 35 d 左右的时间抽蕾，抽蕾率达 60%～65%，壮苗的抽蕾率也达到 90% 左右，但对宿根三年以上的老头菠萝催花效果不够稳定，一般老头菠萝不采用它们来催花。

（五）催花方法

按一定的浓度配好生长调节剂后，用手动喷雾器装药液，并把喷头取下，催花时用管头对准菠萝植株心，然后慢慢滴下药液，每株用量 30～50 mL。在催花时，可加入 0.2％浓度的优质尿素溶液。

四、壮果

结合根外追肥，用 0.2％磷酸二氢钾加 0.3％尿素加 50～100 mg/kg 赤霉素或 200 mg/kg 萘乙酸（钠），在开花 50％和谢花后各喷 1 次，增加营养，促进果实生长，提高品质。

此外，还可以使用活性液肥喷果。海南各地推广奥普尔、施尔得、万得福、高钾叶面肥、芸苔素等喷果，其效果也比较理想，未出现黑心病。

五、催熟

在菠萝生产上常用乙烯利催熟，效果较好，特别是秋、冬果采用乙烯利催熟，不仅使果肉色泽良好，还能使果实提早成熟，提前收获。

用乙烯利催熟时的果实成熟度，一般掌握七成熟时进行。若按抽蕾到催熟时天数计算，夏秋果约在 100 d，冬春果约 120 d，催熟过早，品质差，产量下降。

乙烯利催熟的使用浓度为 1 000～1 500 mg/kg（即 0.1％～0.15％）经催熟处理后，夏秋果 7～12 d 果皮转黄，冬春果由于气温低，需 15 d 左右，果皮才转黄，方可采收，经乙烯利处理的果，采后应及时进行加工，否则容易发生生理性黑死。

六、顶芽和裔芽管理

（一）顶芽管理

当果实谢花后 7 d 左右，顶芽长到 5～7 cm 高时即进行封顶，具体做法：一种方法是一手扶果，另一手四指掌握幼果，扶稳，用大拇指将小顶芽推断。另一种方法是打顶，当果实顶芽长到 15～

20 cm，顶芽已成熟，即进行摘除。但目前生产上很少进行打顶，主要是打顶后不利于果实保鲜，另外在销售过程中，许多客商也要求不要打顶，一是美观，二是货架时间长。

(二) 高芽管理

着生在果柄上的裔芽，会影响果实的发育，应及时分批除去。如果一次性摘除，会造成伤口多，果柄易干缩而使果实倾斜。如果留作种苗，可把除下的外裔芽集中培养，或留低位的 1～2 个芽，让其生长到 20 cm 左右摘下种植。

七、果实防晒

防晒主要是为了避免果实被灼伤，必须在收获前一个月，采用稻草、纸、杂草等遮盖物遮挡果实或绑顶端 4～5 个叶片，保护果实，以免晒伤。

第七节　病虫害防治

一、主要病害

(一) 菠萝凋萎病

1. 症状

又称菠萝根腐病。发病初期，叶片发红，失去光泽，失水皱缩，叶尖干枯，叶缘向下卷缩，最后叶片凋枯死亡。部分病株嫩茎和心叶腐烂，根部由根尖腐烂发展到根系的部分或全部腐烂，导致凋萎枯死。

2. 发病条件

病害的发生多在秋冬季高温干旱和春季低温阴雨天气。海南多发生在 11 月和翌年 1～2 月。秋季干旱期，粉蚧繁殖快，可加速病情的发展；春季阴雨期，土质黏湿，造成根系不易生长而腐烂。山腰洼地易积水；山坡陡，土壤冲刷严重，根系裸露；沙质土保水性能差，含水量少，根系易枯死。地下害虫如蛴螬、白蚁、蚯蚓等吸食地下根颈部，也可加重凋萎病的发生。新开荒地发病少，熟地发病多；卡因种也较其他品种易感病，但卡因杂交种更能抗凋萎病。

3. 防治方法

（1）改进园地环境。选用高畦种植，防止果园积水和水土流失，对高岭土和黏重土应增施有机肥料，改进土壤通气性，促进根系生长。

（2）加强管理。及时灭杀菠萝粉蚧和挖除病株，集中喷药后粉碎沤肥。

（3）药肥处理。发现病株，可及时选用上述药剂加50％甲基硫菌灵可湿性粉剂400倍液和1％～2％尿素混合喷洒，以促进黄叶转绿。病株周围及其他健株基部地表都要淋施药液，以防治菠萝粉蚧及地下害虫。

（二）菠萝心腐病

1. 症状

发病初期，叶片色泽暗淡无光泽，并逐渐变为黄绿或红绿色。叶尖变褐、干枯，叶基部出现淡褐色水渍状病斑，并逐渐向上扩展，后期在病部与健部交界处形成一波浪形深褐色界纹，腐烂组织软化成奶酪状，心叶极易拔起，最后全株枯死。天气潮湿时，受害组织上覆有白色霉层。

2. 发病条件

（1）高温多雨季节，特别是秋季定植后遇暴雨，病害往往发生较重。

（2）土壤黏重或排水不良而易积水的果园亦利于病害发展流行。一年有2次发病高峰：春季的3～4月和秋季的10～11月。

3. 防治方法

（1）加强田间管理。及时拔出病株并集中喷药处理。病穴换上新土，再撒上少量石灰消毒，然后补苗。中耕除草避免损伤基部茎叶，合理施肥。

（2）发病初期，可用25％甲霜灵可湿性粉剂1 000倍液，或50％苯菌灵可湿性粉剂1 500倍液，或70％甲基硫菌灵可湿性粉剂1 500倍液，或用75％百菌清可湿性粉剂600～800倍液，或40％乙膦铝可湿性粉剂400倍液喷雾防治。

（三）菠萝黑腐病

1. 症状

又称菠萝软腐病。发病初期果面出现小而圆的水渍软斑，果肉仍呈黄色透明，2～3 d病斑逐步扩大到整个果实，形成黑色大斑块，组织由白黄色变成灰褐色并腐烂。病菌可侵害幼苗，引起苗腐，或从摘除顶芽、裔芽伤口处侵入，侵入嫩叶基部引起心腐病。

2. 发生条件

低温、高湿、有伤口的果实易发病。渍水容易引致苗茎病。雨天除顶芽或摘除顶芽过迟，造成伤口过大、难以愈合时，果实易受害。鲜果运输贮藏期间，机械伤口多，发病也多。

3. 防治方法

（1）减少机械伤口，从而减少病菌入侵机会。

（2）加强田间管理，注意雨季排水。

（3）菠萝采收宜在晴天露水干后进行，或者阴天采收，切忌雨天采收。

（四）菠萝炭疽病

1. 症状

病斑为绿豆大小的褪绿斑点，后扩大成椭圆形、浅褐色、凹陷、边缘深褐色隆起的病斑。病斑可相连，中央偶尔生有突破表皮的黑色小点，即病原菌的分生孢子盘和刚毛。

2. 发病条件

高温高湿条件下易发此病。

3. 防治方法

（1）合理施肥，排水，增湿磷、钾肥，不偏施氮肥，使植株生长健壮，抗逆性增强。

（2）发病初期喷 0.5%～1%波尔多液保护。病情严重时，用甲基硫菌灵，或百菌清，或多菌灵等杀菌剂喷杀。

（五）菠萝日灼病

菠萝日灼病是一种生理性病害。有些地区的日灼伤果率可高达 50%。

1. 症状

灼伤部分的果皮呈褐色疤痕，果肉风味变劣。由于部分灼伤坏死，果实水分散失加快，极易成空心黑果，或因病菌侵染而腐烂。

2. 发病条件

6～8 月天气炎热，晴朗天气日照强烈，特别是中午或午后这段时间，菠萝果实正处于迅速发育成熟阶段，摘除顶芽后果实的荫蔽度有所降低，受烈日直射的部位易被灼伤。卡因种菠萝果皮较薄，易遭日灼。

3. 防治方法

（1）束叶法。用塑料袋束叶将果遮护。束叶不要扎得太紧，以既护果，又得通风为好。向西一面的叶片密一些，其他方向可疏一些。适用于无刺卡因品种处理。

（2）盖顶法。用杂草、纸、芒萁等覆盖在果顶护果。为防止大风吹掉覆盖物，用两面三片相对的叶片将覆盖物扎紧。此法适用于有刺品种处理。用稻草、芒萁覆盖透气好，遇雨不易腐烂。

（3）纸包法。用黄色牛皮纸、报纸或白纸等将果实四周包住。防止烈日直接照射。

（4）穿叶法。将三片不同方向的叶相互扎叠在果面上，使其成平顶式，再将第四片叶从上面经第二片叶穿过，插回本叶的叶底拉紧即可。

（六）根线虫病

1. 危害特点

受病原根线虫危害使根部变色坏死。由于根群受损，叶片逐渐变成黄色，软化下垂，植株生长衰弱，甚至枯死。

2. 防治方法

（1）在植前应用药剂对土壤进行消毒。犁耙平整土地后，按沟距 30 cm、沟深 15 cm 开条沟，撒施杀线虫剂，如阿维菌素、淡紫拟青霉、厚孢轮枝菌等，施药后即覆土压实，可杀灭大部分根线虫。

（2）对已发病菠萝园，可选用噻唑膦、阿维菌素等药物进行灌根或者拌土。也可采用物理和生物防治方法进行杀虫。

二、主要虫害

（一）菠萝粉蚧

1. 危害特点

若虫和雌成虫多寄生于菠萝的根、茎叶、果实及幼苗的间隙或凹陷处，吸食汁液，尤其在根部危害。幼苗受害发育不良，甚至枯萎。被害的叶片褪色变黄色和红紫色，随后叶片软化，甚至凋萎；被害根变黑色，组织腐烂，丧失吸收功能，致使植株生长衰弱甚至枯萎；果被害后，果皮失去光泽，甚至萎缩，不能正常长大。

2. 防治方法

（1）菠萝定植前药剂处理种苗。用 10% 吡虫啉可湿性粉剂 1 000～1 500 倍液，或 50% 马拉硫磷乳油 800 倍液浸渍菠萝苗基部 10 min，可消灭大部分附着的粉蚧。

（2）加强菠萝田间巡查，发现粉蚧立即用药。可选用 48% 毒死蜱乳油 1 000 倍液＋3% 啶虫脒乳油 1 500 倍液，或 25% 喹硫磷乳油 1 000～1 500 倍液喷雾防治。20 d 后再用药一次。

（二）独角犀

1. 危害特点

成虫咬食菠萝果实，常几只、十几只群集在果实上取食，把整个果实咬食完。菠萝果实成熟前和采果后，成虫危害新苗，从里向外，咬食苗心内层几张叶片基部的叶肉，留下纤维，使叶片逐渐枯死。

2. 防治方法

（1）人工捕杀。5月中旬成虫羽化盛期，组织人力捕捉成虫。

（2）药剂防治。用90％晶体敌百虫500倍液喷杀。

（三）白蚁

1. 危害特点

白蚁蛀食菠萝树皮、茎秆和根部，可诱发菠萝凋萎和煤烟病，使果园植株长势不整齐，树势衰弱，结果期延后。

2. 防治方法

（1）加强果园管理。增施腐熟有机肥，合理灌溉，保持果园适当温湿度，注意排水，提高树体抗病力。结合修剪，及时清理果园，减少虫源。

（2）化学防治。发现有该虫后可用40％敌百虫乳油600倍液喷洒植株，或在蚁路上喷洒白蚁药，即可将蚁群杀死。

第八节　采　　收

一、成熟度

菠萝果实在成熟过程中，果实由深绿色逐渐转变成草绿色，再转变成该品种成熟时所固有的黄色或橙色，有光泽；肉质和内含物也发生一系列变化，果汁增加，糖分增多，酸味减少，香气增加，果肉由硬变软。

果实采收的成熟度应根据不同的用途进行采摘，以适应各种需要。就近销售的鲜食果以 1/2 小果转黄采收为宜，即整个果有一半果眼呈黄色，其余呈浅绿色，这种果成熟度好，果汁多，糖分高，香气浓，风味最好。果实成熟度超过 3/4 再采收，品质就会下降，肉质变软，有酒味，降低或失去鲜食价值。而远销或加工原料果，一般以小果草绿或 1/4 小果转黄时采收为好，即果眼饱满，果实基部 1～2 层果眼呈现黄色，其余果眼呈草绿色，果缝浅黄色。此外，采收季节不同，菠萝的采收成熟度也略不同。低温季节，果实成熟速度慢，采收时期可略迟，以增加果实的糖分和重量。高温季节，果实成熟速度快，特别是长途运输的果实，采收期不宜过迟，否则，易引起果实腐烂，造成经济损失。

二、采收时期

采收期因品质与栽培地区不同而异，由于催花技术的应用而能人为地调控菠萝的抽蕾，从而改变了果实的采收与鲜果供应期，基本上可以做到鲜果周年上市。海南的主栽品种巴厘，大部分的采收期在 1～4 月。

三、采收方法

采收时间宜选择在晴天晨露干后进行，中午或下午不宜，多云或阴天的上下午均可采收，雨天不宜采收。

采收时一般用刀采收，用利刀割断果柄，留果柄长 2～3 cm，除净托芽和苞片。根据要求留顶芽或不留顶芽。不留顶芽的，平果顶削去顶芽。用于就近工厂、当天加工的原料果，也可用手直接采收，即用手握紧果实，折断果柄，然后摘除顶芽。

采果时要特别注意轻采轻放，防止碰撞造成机械损伤及堆放压伤。

采后要及时调运，若运输不及时而需临时堆放者，不宜堆叠过高过多，以免压伤。堆放时，最好放在树荫底下，或用树叶、稻草、杂草或遮阳网遮盖，以防烈日灼伤。若作为鲜果销售，最好保留顶芽，以延长果实保鲜期，也有利于果实在运输过程中不易碰伤，还可增加商品果的美观度。现在海南北运菠萝都保留顶芽。

第十二章　火　龙　果

火龙果，属仙人掌科量天尺属攀缘肉质灌木，具气根。原产于巴西、墨西哥等中美洲热带沙漠地区，属典型的热带植物，有热带水果之王之称，因其外表肉质鳞片似蛟龙外鳞而得名。火龙果为热带、亚热带水果，喜光耐阴、耐热耐旱、喜肥耐瘠。火龙果营养丰富，具有较高的观赏价值。目前国内火龙果主要在广东、广西、海南、云南、贵州等省份种植。

第一节　品种介绍

栽培上，火龙果根据成熟后果皮的颜色，主要分为四大类：红皮白肉火龙果、红皮红肉火龙果、黄皮白肉火龙果和燕窝果。红皮白肉种是最为常见的一种品种，果型较大，甜度较低，比较清凉爽口。红皮红肉种也是常见的火龙果，甜度较高。黄皮白肉种习性与口感都比较接近于红皮白肉火龙果。燕窝果也叫麒麟果，果实比前面三种小，黑籽，口感清甜，甜度最高，与其他火龙果不同的是，它的外皮上长满了尖刺。

一、大红

大红果实大且果肉颜色深红，果实椭圆形，肉质细腻，味清甜，不需要人工授粉及异花授粉即可有中等以上的果，且开花期间遇雨亦不影响结果。但该品种皮薄，货架期较短。

二、金都 1 号

金都 1 号火龙果品种是红皮红肉，肉质细腻，味清甜，有玫瑰香味，口感极佳，且自花结实能力强，不裂果，是现在很多地区种植的火龙果品种。

三、蜜红

蜜红火龙果品种树势强，枝条萌芽力强。果大，平均单果重 650 g，最大可达 1.5 kg 以上，产量高。果甜度高，中心可溶性固形物含量可达 22% 以上。自花授粉率 100%，不易裂果。

四、粤红 3 号

粤红 3 号火龙果品种果实圆球形，单果重 285 g。果皮粉红色，鳞片薄且数目较多。果肉双色、清甜，可溶性固形物含量 14.1%，需要授粉。

五、双色 1 号

双色 1 号火龙果果实椭圆形，果皮暗红色，鳞片长，略外张，果大，平均单果重 350.7 g，果肉外层红色，中心白色，果肉硬度是大叶水晶的 1.5 倍，香味独特。果皮厚 0.2 cm。品质特优，肉质爽脆、清甜，口感极佳。

六、红冠 1 号

红冠 1 号火龙果果实椭圆形，果皮紫红色，鳞片较多，平均单果重 307.9 g，果肉紫红色，果皮厚 0.3 cm。品质特优，肉质细腻软滑、清甜，口感极佳。

七、桂红龙 1 号

桂红龙 1 号果实近球形，红皮红肉，果实较大，单果重 350～900 g，平均单果重 533.3 g，果皮厚度 0.30～0.36 cm，果肉中心可溶性固形物含量 18.0%～21.0%，边缘可溶性固形物含量 12.0%～13.5%。肉质细腻，汁多、味清甜，品质优良。耐贮性好，自然授粉结实率高达 90% 以上。

八、美龙 1 号

美龙 1 号火龙果红皮红肉，自花授粉结果率 89% 以上。果肉细腻、较脆口、清甜。果实转红后留树期 8～15 d，常温货架期 5～7 d。综合抗病力中等，自花结实能力强。

第二节　壮苗培育

一、扦插育苗

扦插时间以春季最适宜，截成长 15 cm 的小段，待伤口风干后插入沙床。插床不需要浇水，保持土壤的干度。10 d 以后开始浇水。扦插 15～30 d 可生根，根长到 3～4 cm 时移植。

（一）插条选取

生产上，红皮白肉火龙果、红皮红肉火龙果和黄皮白肉火龙果都采用扦插育苗。扦插用的火龙果枝条，要求无病虫害、生长健壮、茎段长且茎肉饱满。

（二）处理

插穗剪成 30～60 cm 长的茎段，下端削成楔形，露出 1～2 cm 的中央维管束，需注意保留中央髓部外之环状形成层组织，其为主要发根部位。

削切好的枝条宜浸泡或喷施杀菌剂以防止病原菌入侵，再放置阴凉处晾干，3～5 d 伤口干燥后，再进行扦插。为促进快速发根及增加发根量，可在基部蘸生根剂促进生根。

（三）扦插

为提高扦插苗成活率及避免阳光直射暴晒造成失水或晒伤，可先于温室或半遮阴处设置育苗床进行扦插。选择湿润透气的介质，如河沙、沙质壤土或培养土等，插穗竖直插入土 3～5 cm。扦插初期土壤不要过湿，避免伤口腐烂。出根成活后再移植至田间定植，以加快成园，并减少茎基腐病的发生。

（四）扦插后注意事项

火龙果一般扦插后 1～2 周内即可生根，1 个月后茎段上芽体开始萌发。宜选择留强壮及近顶端部位的芽体，其余疏除，适时给予水分及含氮量较高的肥料，促进茎秆生长。

二、嫁接育苗

火龙果的嫁接是采用髓心接。

选择晴天嫁接。常用嫁接中的平接和楔接，其中楔接的成活率最高。28～30 ℃条件下，4～5 d 伤口接合面即有大量愈伤组织形成，接穗与砧木颜色接近，说明二者维管束已愈合，嫁接成功，而后可移进假植苗床继续培育。

（一）砧木和接穗的选择

目前燕窝果多采用黄皮白肉火龙果、红肉类型的火龙果可选择白肉类型的火龙果作为砧木，进行嫁接换根。其他品种的火龙果还可作为部分花卉的砧木，提高观赏价值。一般采取扦插繁殖法进行砧木育苗，半个月后扦插成活就可进行嫁接。

（二）嫁接时间

除冬季低温期外，其他季节均可嫁接。因为冬春季节阴冷潮湿时间长，嫁接时伤口不仅难以愈合，还会扩大危及植株。因此，嫁接时间最好选在 3~10 月，这样有充分的愈合和生长期，并且利于来年的挂果。

（三）嫁接前的药物处理

嫁接所用的小刀等都用酒精或白酒消毒，以防病菌感染。有条件的可用萘乙酸钠溶液浸蘸接穗基部，这样既能促进愈伤组织的形成，又能达到提高成活率的目的。

（四）嫁接方法

1. 平接法

用嫁接刀在砧木上端适当高度横切一刀，然后将接穗基部切平，要求砧木和接穗的切口务必平滑干净，这样砧木和接穗吻合不留空隙。将切好的接穗与砧木的髓心对齐，紧密贴在一起。用棉线捆绑固定或用牙签固定好，再用塑料胶缠绑严实。

2. 靠接法

削取 3~5 cm 的接穗，将接穗一边的棱削掉，注意一定要削平，将砧木一边的棱去掉，长度与砧木相对应。然后将削好的接穗紧靠砧木，用细线捆绑或用牙签固定，最后用塑料胶缠绑严实。

3. 插接法

适用于成熟的枝条。削取接穗 3~5 cm，将底端 1 cm 的肉质去掉，削成楔形，露出髓心。平切砧木上端，劈开砧木的维管束，将髓心插入砧木的维管束中，用塑料胶缠绑严实。

4. 芽接法

在砧木枝条的中上部，选一个芽点，斜切出一个三角形。切的深度达到砧木的髓心。在接穗上，同样的方法切一个芽下来，放到砧木上，髓心对齐。将芽捆绑固定。

（五）嫁接后的管理

嫁接苗保持较高的空气湿度，温度在 28~35 ℃，20 d 后观察嫁接生长情况，若能保持清新鲜绿，即成活。1 个月后可出圃。

第三节　建　园

一、园地选择

火龙果属于热带、亚热带水果，耐旱、耐高温、喜光，对土质要求不严，平地、山坡、沙石地均可种植，最适的土壤 pH 6～7.5，最好选择有机质丰富和排水性好的土地种植。火龙果怕寒，忌积水，气温 15 ℃以上，阴雨天气较少的地区适宜栽植。

二、果园的开垦及种植穴的准备

火龙果种植方式多种多样，可以爬墙种植，也可以搭棚种植，但以柱式栽培最为普遍，其优点是生产成本低、土地利用率高。所谓柱式栽培，就是立一根水泥柱或木柱，在柱的周围种植 3～4 株火龙果苗，让火龙果植株沿着立柱向上生长的栽培方式。

火龙果栽植前要深耕改土，施足有机肥。水田、畦地果园要采取深坑高畦，降低地下水位，防止水浸沤根。平地和水田的建园一般畦宽（包含沟）6 m，沟深 0.5 m 左右，沟面宽 0.8 m 左右。

三、架式选择

从支架顶端到地面的垂直距离应保持在 180 cm 左右，如果是圆盘状，那么圆盘的半径要保持在 35 cm 左右。整个支架主柱埋入土中的深度不小于 50 cm。搭架的密度保持在行距 2.0～2.5 m，架距 2.0 m 为好。

（一）立柱式搭架

一般采用水泥桩和钢筋以及使用废旧自行车轮胎来支撑火龙果树，使其固定在顶端向四周生长。这种架式最常见，也最简单，适合中小型种植户使用。

（二）管柱式搭架

这种搭架方式在粤西地区近两年新种的果园使用较多。传统的立柱式搭架，枝条需要攀缘至圆环处，向四周生长，方能开花结果。使用这种方法，火龙果苗很快可生长至圆环四周，开花挂果时间节省 15 d 以上。

（三）联排式搭架

这种架式在平地火龙果园中应用日渐增多，其主要以水泥柱或钢管柱、钢绞线或钢管、铁条为支架材料，种植成纵向连续的树篱式，让枝条向两侧下垂生长。连排式架走向以南北为宜，受光较为均匀。

四、栽植

每年 3～9 月均可栽植。每畦种两行，三角形种植，穴距 80 cm，每穴 3 株。山地要开等高梯田，梯面宽 3 m。深耕浅栽。火龙果一年四季均可种植，注意不可深植，植入约 3 cm 深即可，初期应保持土壤湿润。栽植时把苗靠在桩基部，培疏松泥土或腐熟杂肥 15～20 kg，并淋透定根水，用绳将苗绑在桩上固定，苗入土 3 cm 即可。

第四节　肥水管理

一、肥料管理

火龙果的根系首要散布在表土层，所以施肥应选用撒施法，忌开沟深施，避免伤根。

（一）幼树肥料管理

火龙果 1～2 年生的幼树，以氮肥为主，做到薄施勤施，促进树体生长。栽植前施足有机肥，定植后 30 d 当新梢萌发时开始施肥，一般情况下，每长 1 节茎蔓施肥 2 次，每次每桩施复合肥 0.25 kg。

（二）结果树肥料管理

3 年生以上成龄树，以施磷、钾肥为主，控制氮肥的施用量。每年 7 月、10 月和翌年 3 月，每株各施牛粪堆肥 1.2 kg、复合肥 200 g。因为火龙果采收期长，要重施有机肥，氮、磷、钾复合肥要均衡长时间施用。

温馨提示

使用猪粪、鸡粪含氮量过高的肥料，火龙果枝条肥厚，深绿色且很脆，劲风时易折断，所结果实较大且重，甜度低，或有酸味。

开花结果期间要增施钾肥、镁肥和骨粉，以促进果实糖分积累，提高品质。每批幼果坐果后，根外喷施 0.3% 硫酸镁、0.2% 硼砂、0.3% 磷酸二氢钾 1 次，以提高果实品质。

二、水分管理

火龙果虽属耐旱植物，但要进行正常的生长、开花、结果，水分应均衡供应，一般土壤相对含水量达到 70%～80% 就能正常生长。忌积水，雨季应注意排水。如根部长期积水，就会造成烂根导致减产或死亡。

火龙果生长季应全园土壤湿润，尤其果实膨大期，土壤湿润有利于果实成长。灌溉时切忌长时间浸灌，也不要自始至终经常淋水。浸灌会使根系处于长时间缺氧状况而死亡，淋水会使湿度不均，而诱发生理病变。在阴雨连绵的天气应及时排水，避免感染病菌导致茎肉腐朽。冬天园地要控水，以增强枝条的抗寒力。

第五节 整形修剪

一、摘心整形

火龙果种苗定植后，15~20 d 就会萌发新枝蔓。保留 1 根健壮向上生长的主蔓，利于集中营养、快速上架。当主茎生长达到预定高度后，打顶促进分枝，形成树冠立体空间结构。主蔓上预定高度以下的侧枝应及时剪除，离顶部较近的侧枝可保留。当枝条穿过柱顶圈下垂生长后，将枝条的尖端摘除，促进火龙果侧枝的生长。一般每枝可抽发 3~5 条新枝，视生长情况留 3 根生长健壮的枝条，均匀摆放、不重叠。当枝条长到 1.3~1.4 m 长时摘心，促发二级分枝，并让枝条自然下垂。上部的分枝可采用拉、绑等办法，逐步引导其下垂，促使早日形成树冠，立体分布于空间。

每株保留枝条 15~20 根，每个立柱的冠层枝数在 50~60 条。后期随着侧枝的生长，对于侧枝上过密的枝杈要及时剪掉，以免消耗过多养分。

二、修剪枝条

结果后，每个植株可安排 2/3 的枝条为结果枝，其他 1/3 的枝条可抹除花蕾或花，缩小枝条的生长角度，培养其为强壮的预备结果枝。结果枝条的长度一般为 0.8~1 m，枝条过长，营养供应链较长，营养供应不及时，导致结果小，品质差。

每年采果后剪除结过果的枝条，因其不易挂果或结果品质差，应剪去，使火龙果重新发出芽，以保证来年的产量。在生殖生长期间，为保证果实发育的营养需求，挂果枝和营养枝上新萌发的枝条全部疏去，还要疏去营养枝上所有的花蕾，缩小枝条生长角度，促进营养生长，培养其为强壮的预备结果枝，并及时剪除老枝、病枝、弱枝等。

第六节　花果管理

一、间种与人工授粉

种植火龙果时，要间种 10％左右的白肉类型的火龙果。品种之间相互授粉，可以明显提高结实率。若遇阴雨天气，要进行人工授粉。授粉可在傍晚花开或清晨花尚未闭合前，用毛笔直接将花粉涂到雌花柱头上。

授粉不一定要在晚上进行，早晨还是有较多花粉的。

二、疏花蕾

火龙果花期长，开花能力强，5～10 月均会开花，每枝平均每个花季会着生花蕾 2.7 朵。授粉受精正常后，可剪除已凋谢的花朵。当幼果横径达 2 cm 左右时开始疏果，每枝留一个发育饱满、颜色鲜绿、无损伤、非畸形，又有一定生长空间的幼果，其余的疏去，以集中养分，促进果实生长。

三、摘除花筒

火龙果在花谢以后要及时摘除花筒，否则会降低火龙果的产量和品质。花筒不及时摘除，容易造成花皮果，影响果实的品质；还容易发生果腐病，影响火龙果的产量；容易滋生虫害，特别是果蝇，对成熟的火龙果影响巨大。花筒一般在花谢后 5 d 左右摘除适宜，此时花筒发黄、萎蔫，容易脱离，摘除后的花筒要带出园外集中销毁。摘除花筒后，要立即全株喷施杀虫剂和杀菌剂，进行杀菌消毒，防止病虫害的发生。

四、人工补光促花技术

(一)材料

根据基地实际核算,每 667 m² 大概需要 160 个 LED 灯,防水灯头线、镀锌钢线约 200 m,2.6 m 长的镀锌钢管柱子约 50 根。

(二)灯具悬挂方法

沿火龙果种植行向,在种植行中间,每隔 4 m 立 1 个柱子,柱子入土深 50 cm,柱子比火龙果植株高 60 cm;在柱子顶部拉 1 条镀锌钢线,固定在种植行两端;将电缆支线固定在镀锌钢线上,灯具等距离分布,电缆支线上每隔 1.5 m 左右挂 1 盏 15W LED 黄色节能补光灯,补光灯离植株高度约为 60 cm,灯具安装以“品”字形交叉光源排列,补光效果最好。配户外防雨灯头和数控开关,统一控制。

(三)补光方法

1. 提前补充肥料

控制前批花果量,提前让树体储备足够多的营养,让枝条得到足够长的时间休息,这样才具备萌发出较大花量的条件。在对果园进行补光之前后 20 d 左右,需要调节施肥配比,加强水肥供应。补光前后各追施 1 次有机肥,有机肥最好采用经堆沤、发酵后的羊粪、牛粪等,每株 5 kg 左右,直接覆盖在种植垄上,之后的水肥以高钾的复合肥为主;或者每株施复合肥(17 - 17 - 17)1~1.5 kg。天气干旱时每 3~4 d 浇水 1 次,为促花做好有利的水肥供应,为后期补光促花打下坚实基础。由于火龙果的根系主要分布在表土层,所以施肥时应采用撒施法,避免开沟深施,以免伤根。

2. 补光时间

诱导火龙果成花需要同时满足温度与光照条件,二者缺一不可,温度低于 15 ℃或光照少于 12 h 都很难成花。一般当地气温在 15 ℃以上、日照短于 12 h 就可以进行补光,即在进入秋分后至翌年春分前进行补光。若补光时间太短会导致成花数量少,补光时间太长则耗电量大、投入成本高。因此，催晚花者最迟应在霜降前开灯，由于低温影响人工补光效果，连续 10～15 d 补光时段气温低于 15 ℃时停止补光；催早花者应于当地补光时间段气温回升到 15 ℃以上时开灯，气温低于 15 ℃开灯也不会提早成花。一般每天每次补光 4～5 h，补光时间可在每晚 19:00～24:00。连续补光时间根据成花及产果期情况而定，如果补光时段气温较高，补光时间可适当缩短。

(四) 促花后的管理

1. 壮花壮果肥

每株施生物菌肥 0.5～1 kg、复合肥 (17 - 17 - 17) 0.5 kg，目的是壮花、促进果实增大、提高果实品质。

2. 叶面追肥

花蕾期、果实发育期喷施 3～5 次叶面肥，常用叶面肥有磷酸二氢钾、核苷酸等，喷施浓度依据产品推荐施用量。

第七节　病虫害防治

一、主要病害

(一) 炭疽病

1. 症状

该病可发生在茎秆及果实上，初感染时，病斑为锈色，后期凹陷小斑逐渐形成不规则斑，相互连接成片，逐渐变为黄色或白色，表皮组织略松弛，病斑上出现黑色细点，并突起于茎表皮。果实成熟后期转色后才会被感染，一旦果实受感染会呈现水渍状淡褐色凹陷病斑，病斑会扩大并相互连接。

2. 防治方法

发病初期开始喷药，每隔 7 d 喷药 1 次，连续 2～3 次。药剂可选用70%甲基硫菌灵可湿性粉剂600倍液，或50%咪鲜胺锰盐可湿性粉剂2 000倍液，或10%苯醚甲环唑水分散粒剂1 500倍液，或5%中生菌素可湿性粉剂1 200倍液，或25%丙环唑乳油3 000倍液。

（二）黑斑病

1. 症状

植株棱边上形成灰白色的不规则病斑，上生许多小黑点，病斑凹陷，并逐渐干枯，最终形成缺口或孔洞，多发生于中下部茎节。

2. 防治方法

发病前，可用80%代森锰锌可湿性粉剂1 000倍液进行叶片保护。发病初期，药剂可选用70%甲基硫菌灵可湿性粉剂600倍液，或50%咪鲜胺锰盐可湿性粉剂2 000倍液，或10%苯醚甲环唑水分散粒剂1 500倍液，每隔7 d喷药一次，连续2~3次。

（三）细菌性软腐病

1. 症状

病斑初期呈浸润状，半透明，后期病部呈水渍状，黏滑软腐，有腥臭味，并且蔓延至整个茎节，最后只剩茎中心的木质部未感染。

2. 防治方法

药剂可选用12%中生菌素可湿性粉剂2 000倍液，或53.8%氢氧化铜干悬浮剂1 500倍液，或2%春雷霉素水剂800倍液，每隔7 d喷药一次，连续2~3次。

（四）茎腐病

1. 症状

茎部组织受感染时，组织变褐色、软化，严重崩解溃烂，病斑处凹陷。因此，茎脊常见缺刻状病症，有时组织溃烂，仅剩中央主要维管束组织。

2. 防治方法

发病初期开始喷药，药剂可选用10%苯醚甲环唑水分散粒剂1 500倍液，或20%苯醚·多菌灵悬浮剂800倍液，每隔7 d喷药一次，连续 2～3 次。

（五）病毒病

1. 症状

火龙果肉质茎表皮有褪色斑点，呈淡黄绿色，或为嵌纹及绿岛型病斑或环型病斑等，容易受其他菌类感染腐烂。

2. 防治方法

药剂可选用 2％氨基寡糖素水剂 1 000 倍液，或 30％毒氟磷可湿性粉剂 1 000 倍液，或 50％氯溴异氰尿酸可溶粉剂 1 000～1 500 倍液，植株喷雾防治。同时使用啶虫脒、吡虫啉等杀虫剂，杀灭传播病毒的蚜虫、蓟马、飞虱等，防止蔓延。

（六）根结线虫病

1. 症状

火龙果根结线虫病会导致根组织变黑腐烂，有的植株根部也会产生球状根结。线虫侵入后，细根及粗根各部位产生大小不一的不规则瘤状物，即根结，其初为黄白色，外表光滑，后呈褐色并破碎腐烂。线虫寄生后，根系功能受到破坏，使植株地上部分生长衰弱、变黄，影响产量。

2. 防治方法

可选用 10％噻唑膦颗粒剂，穴施 22.5～30 kg/hm²，或在定植行两边开沟施入。也可用 1.8％阿维菌素乳油 1 500 倍液进行灌根。

二、主要虫害

（一）同型巴蜗牛

1. 危害特点

初孵幼螺在露水未干前爬到火龙果嫩枝条危害，受害部位失去光合作用，同时产生褐色黏液状物质。热带地区夏季高温高湿，雨量充沛，发生较为普遍。除了火龙果枝条背光处以外，其嫩梢、花和果实均可受到蜗牛的危害。蜗牛取食后火龙果呈凹坑状，严重时影响火龙果生长。

2. 防治方法

大雨过后，在作物周围撒施石灰粉。幼螺盛发期，均匀撒施6%四聚乙醛颗粒剂9～12 kg/hm^2。

（二）圆盾蚧

1. 危害特点

成虫、若虫刺吸枝条和果实的汁液，严重者布满介壳，造成枝条发黄、植株生长势衰退。

2. 防治方法

在若虫盛期喷药，此时大多数若虫体表尚未分泌蜡质，介壳更未形成，用药容易杀死。药剂可选用45%马拉硫磷乳油1 500倍液，或25%亚胺硫磷乳油1 000倍液，或50%敌敌畏乳油1 000倍液，或2.5%溴氰菊酯乳油3 000倍液等喷雾，每隔7～10 d喷一次药，连续2～3次。

（三）果实蝇

1. 危害特点

当果实成熟果皮转红时，果实蝇成虫把产卵针刺进将成熟的果实表皮内，卵在果实内孵化为幼虫，随后即在果实内蚕食果肉，导致果实腐烂，严重影响火龙果的产量和品质。

2. 防治方法

结果期使用实蝇性信息素诱杀成虫。发生盛期可喷施30%毒死蜱水乳剂1 000倍液，或用75%灭蝇胺可湿性粉剂2 000倍液进行喷雾防治，隔7 d喷一次，连续2～3次。

第八节　采　　收

火龙果授粉后30～40 d，果皮开始变红，有光泽出现时即可采摘。宜适期采摘，过早过迟采摘均有不良影响。过早采摘，果实内营养成分还未能转化完全，容易影响果实的产量和品质。过迟采摘，则果质变软，风味变淡，品质下降，不利运输和贮藏。先熟先采，分期采摘。供贮存的果实可比当地鲜销果实早采，而当地鲜销果实和加工用果，可在充分成熟时采摘。

火龙果最好在温度较低的晴天晨露干后进行采摘。雨露天采摘，果面水分过多，易滋生病虫，大风大雨后应隔 2～3 d 采摘，若晴天烈日下采摘，则果温过高，呼吸作用旺盛，很容易降低贮运品质。

火龙果采摘时用的果剪，一定要是圆头的，以免刺伤果实。果筐内应衬垫麻布、纸、草等物，尽量减少果实的机械损伤。采摘时，用果剪从果柄处剪断，轻放于包装筐或箱内。此外，采摘时还要尽量保留果梗，带有果梗的果实在贮藏过程中比不带果梗的果实重量损失少，其成熟过程慢一些，贮藏寿命也相对长一些，保留果梗可用果剪齐蒂将果柄平剪掉，这样可避免包装贮运中果实相互划伤。

第十三章 百香果

百香果，学名西番莲，西番莲科西番莲属，因含众多水果的香味而冠名。原产安的列斯群岛，现广植于热带和亚热带。百香果为多年生草质藤本，浆果卵圆球形至近圆球形，种子较多。其果汁富含多种对人体有益的元素。叶形奇特，花色鲜艳，四季常青。具有较高的营养价值与观赏价值。

第一节 品种介绍

热带地区大面积栽培的百香果品种以台农1号、紫香1号、满天星、黄金芭乐、钦蜜9号和香蜜百香果为主。

一、台农1号

台农1号百香果是紫百香果与黄百香果的杂交品种，抗病性较强。果实圆形，成熟时果皮紫红色，平均单果重62.8 g，大果达到120 g，果汁呈浓黄色，香味浓烈，酸度2.56％，果汁率33％。果皮较厚耐贮存。生长势旺盛，可以自花授粉，耐湿、抗病性强。

二、紫香1号

紫香1号百香果耐寒性较强。圆形或长圆形，成熟时紫红色，果皮稍硬，平均果重约 65 g。果肉橙黄色，酸度低，香气浓，风味佳，既可鲜食，也可加工果汁，果汁含量 28% 左右。耐贮运。

三、满天星

满天星百香果成熟时呈现紫红色或偏紫黄色，表皮布满白色的斑点，果实较大，单果重达到 100～130 g，耐贮存。果汁率达 35%，果肉多，味香。不耐寒，抗病性很强。

四、黄金芭乐

黄金芭乐百香果成熟时果皮亮黄色，有光泽。果形为圆形，果实大，星状斑点明显。单果重 80～100 g。果汁含量高达 40%。甜度高，果肉饱满，香味浓郁，适合鲜食，是目前最受欢迎的品种。

第二节　壮苗培育

一、实生苗

（一）留种

从抗逆性较强的百香果母树上，留成熟果实，取种子，洗净晒干贮藏。

> **温馨提示**
>
> 百香果种子不耐贮存，存放时间越久，发芽率越低。

（二）浸种催芽

将百香果种子洗净后，用常温水浸泡 1～2 d，捞出沥干水分，用湿纱布或湿毛巾包裹，放于避光、通风处。每天淋水并翻动种子2～3次，7～10 d 种子露白，即可播种。

（三）播种

育苗盘、营养袋土、苗床等都可以进行百香果育苗。育苗盘每穴 1 粒种子，覆土 1.5～2 cm 厚，浇透水。覆盖遮阳网进行保湿。苗床育苗，行距 30 cm、穴距 20 cm，每个种植穴内播 2～3 粒种子，覆土 2 cm 左右，苗床浇透水。

（四）苗期管理

出苗前，营养土保持湿润。种苗出土后，及时去除覆盖物，苗期保持适当干旱，并做好防病虫工作。苗期可喷施 2～3 次叶面肥，叶面肥为 0.2％尿素混合 0.15％硫酸钾溶液或 0.2％磷酸二氢钾溶液。

当百香果幼苗生长 60～80 d，茎粗达到 0.3～0.5 cm，高度50～60 cm 时，即可出圃进行大田定植。百香果实生苗的根系发达，植株长势旺盛。但是苗期生长速度慢，容易发生变异，当年不易结果。

二、扦插苗

（一）基质准备

基质的透气性、透水性、养分含量、保水性能等，都会影响扦插成活率和成活苗的质量。河沙、蛭石、珍珠岩、草木灰、田园土、椰糠等都可作为百香果的扦插基质，其中河沙和草木灰较有利于百香果的扦插成活。

（二）插穗处理

选百香果 1 年生、叶片老熟、粗细适中的健康枝条，剪取 2～3 个节为一个插穗。一般一个插穗 7～10 cm 长，太嫩或太粗的枝条扦插成苗率都会降低。插穗处理时注意枝条的形态学上端和下端的区分，确保形态学上端朝上。插穗上部平切，剪口在节上方 2～

3 cm 处，1～2 节保留叶片或剪掉叶片的一半。插穗下部平切或斜切，下部节上的叶或芽全部剪除。

（三）扦插

插穗剪好后，用生根剂溶液浸泡 2～3 min，生产上的生根剂溶液可以用生根粉配成 200 mg/L，促生根效果较好。百香果抽穗长度的 1/3～1/2 插到育苗盘或营养杯的基质中，直插或斜插都可以，插后压实并浇足水，苗床上方覆盖遮阳网。热带地区百香果的扦插可以随时进行，为提高成苗率，尽量避开高温干旱的季节进行。

（四）扦插苗管理

扦插后，苗床保持湿润，控制温度 20～30 ℃。一定要控制好水分，防止水分过多沤根导致扦插失败。百香果扦插苗的新叶展开 2～3 片后，适当见光，后期减少浇水次数。

扦插苗可以保持母本性状，不易产生变异。扦插育苗繁殖速度快，培育成本较低，但扦插苗根系弱，抗病和抗旱性差，连续结果能力弱。

三、嫁接苗

选取高产、优质的木本枝条作为接穗，抗病毒品种的实生苗作为砧木，通过嫁接技术获得新个体。嫁接苗具有抗病、抗旱、耐低温，幼年期短，上棚、开花速度较早，高产等优势。与扦插苗相比，嫁接苗需要耗费较大的人力和物力成本，价格较高。

（一）砧木选取

选择抗病性强的百香果品种，培育实生苗。选长势好、八叶一心、茎粗 0.2 cm 以上的苗作为砧木。嫁接前一天淋足水，苗高达到 25 cm 截顶后进行嫁接。

（二）接穗选择

工作人员、场所及所用工具都要做好消毒工作，一般采用

75％的酒精消毒，避免嫁接伤口被菌类感染。剪取当年生绿色未木质化、芽点饱满、叶色浓绿、无病叶的百香果枝条。选取顶芽2～3节以下，基部2～3节以上之间的百香果枝条保留叶片，每个叶片剪去2/3的叶面积。

（三）接穗处理

将接穗剪成4～5 cm的茎段，每个茎段有1个芽点，茎段上端离芽点1 cm左右。茎段下端离芽点3～4 cm，削去茎段下端两侧的表皮，长度为1.5～2 cm。选择粗度和砧木粗度相近的健康接条作为接穗。

（四）嫁接

在砧木顶芽以下两片叶子处进行平截，留下6片叶子，在平截处沿主干中心向下劈开1.5～2 cm的V形切口，将削去表皮的插穗茎段下端插入砧木切口，使砧木切口与茎段下端形成层对齐后，用嫁接膜缠绕绑紧砧木与插穗。

温馨提示

　　嫁接过程最好在阴凉、避风的环境中进行，嫁接后覆盖塑料薄膜保湿，并覆盖遮阳网遮光。

（五）嫁接后管理

嫁接后3 d内，要保证相对湿度在90％以上，3 d后湿度逐渐降低。不浇水施肥。嫁接成活后，进行常规水肥管理，剪除砧木上的非嫁接苗部分的萌芽。嫁接苗的新梢长5 cm以上可移栽。

百香果壮苗的标准：叶色浓绿，根系发达，无病虫害；其中实生苗株高10～15 cm，嫁接苗和扦插苗株高25～30 cm，新生叶片展开4～5张，新苗茎秆粗壮；嫁接苗的嫁接口愈合好，无开裂。

第三节 建 园

一、选地

百香果适应性强，对土壤要求不高。可种植在沙壤土、红壤土、高岭土等多种类型的土壤上，坡地、山地或能排灌的平地、水田都可以，不能选择低洼积水地建园。

二、种植方式

百香果的种植方式有平棚式、篱笆式、垂帘式、双垂帘式、人字架式、门架式、盆栽等。地势坡度大、起伏不平且石块等障碍物多，多选用棚架式。棚架多采用水泥杆、钢管等材料做立柱。不同的搭架种植方式，密度差异较大。如平棚式种植百香果的密度为 $1\,500 \sim 2\,250$ 株/hm^2，双垂帘式可以密植为 $6\,000$ 株左右/hm^2。

温馨提示

　　栽植的行向，小于 $10°$ 的坡地栽植行向以南北行向为宜，大于或等于 $10°$ 的坡地等高栽植。

三、架式搭建

百香果园的搭架材料可以选择水泥柱、石柱、防腐木条、竹竿等。水泥柱的截面为 $8\,cm \times 8\,cm$ 左右，架设一条 $1\,cm$ 钢筋或两条 $6\,mm$ 钢筋，高度 $2.5\,m$ 左右。水泥柱架设的密度有 $4\,m \times 4\,m$、$4\,m \times 3.5\,m$、$3.5\,m \times 3.5\,m$ 等，每亩水泥柱 $55 \sim 80$ 个。水泥柱的埋地深度一般为 $40 \sim 50\,cm$。栽培架上供百香果植株攀缘的网，可以用布条、铁丝等拉成，也可以用定制的专用栽培网。如主线用铝包钢线，中间用镀锌线，网格宽度根据个人要求调节，生产中多用80 cm×80 cm。也有不少人用热镀锌管或钢管＋塑钢线，方便日后回收。

（一）"人"字形架搭建

"人"字形架选用竹竿等做立柱，竹竿长度为 2.6～2.8 m，架高 2.2 m，竹竿底部间距 2 m，"人"字形架间隔 1 m，"人"字形架行距 3 m。

（二）篱架搭建

篱架选用水泥柱等做立柱，立柱长度 2.6～2.8 m，立柱行距 1.5～2 m，立柱间距 3～4 m。篱架分 3 层，第一层离地面 80 cm，第二层与第一层、第三层与第二层间距 50 cm，篱面可选用布条、铁丝绑拉。

（三）门架搭建

门架选用水泥杆或竹竿等，立杆长度 1.8～2 m，架面高度为 1.4～1.6 m，门内杆距 2 m，门行距 1 m，门间距 3 m，门架顶端用竹竿横拉。

（四）棚架搭建

棚架选用水泥杆、钢管等，立杆长度 2.6～2.8 m，棚高 1.8～2 m，杆间隔 4 m，杆行间距 3 m，棚面选用布条、铁丝等均匀拉成网状。

四、栽苗

百香果的栽植穴规格一般为 60 cm×60 cm×60 cm，提前挖好。每穴用表土和有机肥 20 kg、钙镁磷肥 0.5 kg 混匀回穴 2/3，再用复合微生物肥料 0.5 kg 与心土混匀回穴，并使穴土高出地表约 20 cm。栽植时，在穴中挖 20 cm 深的小坑，将百香果苗从营养杯中取出，将主根垂直放入坑内，舒展根系，边填土边轻轻向上提苗，扶正、压实，使根系与土壤紧密接触。填土后，在树苗周围理出树盘，淋透定根水。

第四节　水肥管理

一、水分管理

百香果是浅根系植物，喜湿润环境，既忌积水又怕干旱。百香果的枝叶生长量大，需要的水分较多。其中新梢萌发期，花芽分化以及果实迅速膨大期是需水关键时期，需保持土壤湿润。百香果花芽生理分化前及果实生长后期需要相对干燥的环境，有利于提高果实品质。

> **温馨提示**
>
> 百香果生长期间，长时间干旱缺水会减少全蔓的伸展长度，导致花少、果小，影响产量和品质。多雨季节或果园积水应及时排水。

二、肥料管理

（一）幼苗期施肥

百香果幼苗期的管理目标是下足基肥，壮根提苗。栽苗时，每株百香果混土埋施基肥。苗木定植成活后至新芽抽出开始追肥，每株百香果兑水淋 0.4% 磷酸二铵或者尿素 0.2 kg，每隔 7 d 施 1 次，连续施 3 次。苗高 60～80 cm 时，每株施复合肥（15 - 15 - 15）0.1 kg。施肥方式为水肥或距植株 25 cm 浅沟施，沟宽 18～20 cm，深 12～15 cm。百香果植株上架后，每株施复合肥（15 - 15 - 15）0.15 kg，施肥方式为水肥或距植株 50 cm 沟施，沟宽 18～20 cm，深 20～30 cm。百香果幼苗生长期间，视生长情况，叶面喷施海藻肥等叶面肥，及时补充营养。

（二）结果树施肥

1. 促花肥

百香果爬满架后，距百香果主干 40～50 cm，挖施肥穴，穴宽 30～35 cm，深 20～25 cm。每株埋施复合肥（15-15-15）0.25 kg。花蕾期喷施 0.2%～0.3%硼酸 900 kg/hm²，促进花器官发育。

2. 壮果肥

百香果谢花后至幼果期，每株每次施 0.25 kg 复合肥（15-15-15）+0.1 kg 钾肥，每月施用 1 次。采用穴施，穴宽 30～35 cm，深 20～25 cm。百香果果实快速生长期，根据实际有效成分含量进行稀释后，叶面喷施磷酸二氢钾、微量元素水溶肥、糖醇钙、硝钠·胺鲜酯等混合液。百香果膨果着色时则应充分补充钾、钙等元素。如幼果期喷施 0.2%硼酸+0.3%磷酸二氢钾 900 kg/hm²，利于百香果幼果稳果和增加甜度，有效提高百香果的产量和品质。

3. 萌芽肥

百香果采果后，及时挖宽 30～35 cm、深 25～30 cm 的施肥沟，每株埋施农家肥 20 kg，或每株撒施复合肥（15-15-15）0.15 kg、硝酸铵钙 0.1 kg 和中量元素肥 0.05 kg，有利于剪枝后，促根系生长和新梢抽生。

第五节　整形修剪

一、幼树的整形修剪

（一）幼树整形

百香果苗的主蔓长到 40～50 cm，插支柱引主蔓上架。田间管理时，及时抹掉 60 cm 以下腋芽，促进主蔓生长。

1. 垂帘式整形修剪

垂帘式种植百香果，主蔓长到立柱顶时，摘心留 2 条二级蔓。主蔓上 60 cm 以下的分枝及叶片全部抹除掉。每条二级蔓留 5～6 条三级蔓，均匀分布。相邻两株百香果的二级蔓满架后，对超出另 1 株 30 cm 处，断顶并绑扎，利于抽发三级蔓。三级蔓作为主要结果枝，垂下来，顶层接下层或下层接地，进行断截，并做好水肥管理工作以促旺长。

2. 篱架和"人"字形架整形修剪

篱架和"人"字形架种植百香果，百香果主干高 70 cm，主蔓上留 3 条作为二级蔓。二级蔓长 0.6～0.8 m 短截，留 2～3 条作为三级蔓，三级蔓长至 1～1.2 m 后短截。

3. 棚架整形修剪

棚架种植百香果，主蔓高 1.6～1.8 m，主蔓上留 3 条作为二级蔓，二级蔓长至 0.6～0.8 m 后短截，留 3～4 条作为三级蔓，三级蔓定长 1～1.2 m 短截。

（二）幼树修剪

百香果达到定干高度时，摘心；二、三级蔓达到规定长度时，摘心。二级蔓上每隔 20～25 cm 留 1 条三级蔓，三级蔓作为结果母枝。

二、结果树的修剪

采果后疏枝。当每条三级蔓上的最后一个果摘完时，把这条三级蔓留 1～2 个节，其余剪掉。让第 2 批次的三级蔓结果，这样每年可有 2～3 批次的三级蔓结果枝。适当疏除过密的二、三级蔓及下垂的细弱枝。

采果后尽早修剪。修剪过晚，新梢变小、变短。百香果忌重剪，过度修剪会降低产量，使主蔓枯萎，严重时整株死亡。

百香果生长期间，还要及时摘除老叶、过密叶片，修剪多余的不结果枝、病虫枝、老弱枝等，避免营养被过多吸收。休眠季修剪枯枝。

第六节　花果管理

一、授粉

（一）自花授粉

百香果的花朵外围有一圈紫色的须条，色彩鲜艳，会吸引许多昆虫，而且还能接住雄花掉下来的花粉，这样它自己就能完成授粉过程，或者通过招来的昆虫采蜜采花粉后从这里经过也会把花粉留在上面，等花包起来的时候刚好靠在柱头上。

（二）辅助授粉

百香果可以进行自花授粉，但设施内或部分百香果品种自花授粉的成功率不高，通常借助人工辅助授粉或蜜蜂授粉。

1. 人工授粉

人工辅助授粉最好在 9:00～11:00。授粉时用棉签、毛笔或是纸巾蘸取雄蕊的花粉，然后涂到雌蕊的柱头上，3 个雌蕊都涂一遍。授粉成功，3 d 就能长出小果子，半月内就会迅速长大。若授粉失败，一般 2 d 花就会掉落。

2. 蜜蜂授粉

蜜蜂授粉效率高。蜜蜂进入前后，确保调控设施内温度在 18～25 ℃，将蜂箱固定在设施内距离地面 50 cm 左右的高度。蜂箱放进后 1～2 d 尽量不要进行田间操作，让蜜蜂尽快适应新环境，提早进入授粉状态，也可避免蜜蜂对人造成伤害。

二、疏花

百香果进入花期，要及时疏除病害感染、虫害损伤、发育不良以及局部过密的花。

三、疏果

百香果的每批花谢花后一个月内，及时疏除病、虫、畸形的幼果。每条结果蔓留 5～7 个果。

第七节　病虫害防治

一、主要病害

（一）疫病

1. 症状

百香果苗受害后，初期在茎、叶上出现水渍状病斑，病斑迅速扩大，导致叶片脱落或整株死亡。大田病株嫩梢变色枯死，叶片变棕褐色坏死，形成水渍状大斑，果实也形成灰绿色水渍状大斑，均极易脱落，病株主蔓可发展形成环绕枝蔓的褐色坏死圈或条状斑，最后整株枯死。在高温潮湿天气，病部生稀疏白霉。

2. 防治方法

高温多雨季节传播速度非常快，发现后立即用药，有效药剂有甲霜·霜脲氰、甲霜·锰锌、烯酰吗啉等。用药时配上咪鲜胺、吡唑醚菌酯等，同时防治炭疽病、褐腐病。

（二）茎基腐病

1. 症状

百香果主茎基部软腐，植株慢性死亡。病部呈水渍状，后变褐，逐渐向上扩展，可达 30～50 cm，其上茎叶多褪色枯死。病茎基潮湿时可生白霉状病原菌，茎干死后有时产生红橙色的病原菌。该病的发生常与茎基部受伤有关。

2. 防治方法

每 20 d 用敌克松或咯菌腈＋高锰酸钾灌一次预防。巡园时发现叶片发黄或出现凋萎现象，要及时检查茎部和根部。发病初期扒开茎基部土壤，刮除病部，用甲霜·噁霉灵、络氨铜、氯溴异氰尿酸、噁霉灵·福美双等灌根及涂抹病部。

（三）花叶病毒病

1. 症状

百香果受害叶片呈花叶状，带浅黄色斑，叶片皱缩，果缩小、畸形，果皮变厚变硬，果肉少。这种病在冷凉干燥季节发病较多。

2. 防治方法

喷施盐酸吗啉胍＋海精灵生物刺激剂叶面型暂时缓解病情，待收果后再集中喷药消毒。防治蚜虫、粉虱、螨害等传毒媒介。

（四）炭疽病

1. 症状

炭疽病初发生在百香果的叶缘，产生半圆形或近圆形病斑，边缘深褐色，中央浅褐色，多个病斑融合成大的斑块，上生黑色小粒点，即病原菌分生孢子盘。发病重的叶片枯死或脱落。

2. 防治方法

高温多雨期，及时用药保护。有效药剂包括嘧菌酯、咪鲜胺、咪鲜胺锰盐、丙森锌、代森锰锌、苯醚甲环唑等及其复配药剂。

（五）褐腐病

1. 症状

褐腐病主要危害百香果的果实，幼果受害初期出现水渍状淡黑色病斑，后出现不规则黑色病斑，受害果面不凹陷。果实未成熟时提前落果。

2. 防治方法

发病初期可用咪鲜胺＋吡唑醚菌酯等防控。

（六）灰霉病

1. 症状

灰霉病主要危害百香果的花器、枝梢和叶片。发病初期，花瓣和柱头呈褐色水渍状斑点，后逐渐向萼片和花柄蔓延，导致花朵成喇叭状，无力张开。天气潮湿时，病花腐烂，表面产生灰霉；若天气干燥，病花干枯萎缩，残留于枝上经久不落。该病属于气传病害，可以随空气等进行传播，低温高湿时易发病。

2. 防治方法

雨后天晴时，喷施保护性药剂如代森锰锌等预防病害的发生。发病初期可选用嘧菌酯、啶酰菌胺、嘧菌环胺、异菌脲、腐霉利等进行防治。

（七）溃疡病

1. 症状

溃疡病主要危害百香果的果实，果面有近圆形的病斑凸起，常有轮纹或螺纹状，严重影响其商品性，带病斑果实不耐贮藏，品相差。溃疡病属于细菌性病害，高温多雨是重要发病条件，果面有伤口时易暴发。

2. 防治方法

加强害螨、蓟马、实蝇、蜗牛、潜叶蛾等虫害的防治，减少果面伤口。大雨前后用药保护，如氢氧化铜。发病初期可用噻唑锌、噻菌铜、中生霉素等喷雾防治。

二、主要虫害

（一）蚜虫

1. 危害特点

主要危害嫩梢，并传播病毒。

2. 防治方法

黄板诱杀。化学防治可以采用高效氯氰菊酯或高效氯氟氰菊酯，混合噻虫嗪、吡虫啉、呋虫胺或啶虫脒等，进行叶面喷洒。

（二）介壳虫

1. 危害特点

以刺吸式口器危害枝叶，能诱发严重的烟煤病。

2. 防治方法

做好清园工作。保护跳小蜂、蚜小蜂等天敌昆虫。化学防治采用毒死蜱混合噻嗪酮或螺虫乙酯，进行叶面喷洒。

（三）螨

1. 危害特点

主要危害叶片和果实。

2. 防治方法

高效氯氟氰菊酯混合毒死蜱，进行叶面喷洒。

（四）果实蝇

1. 危害特点

成虫产卵于果实的表皮，使果实的表面隆起，卵孵化后幼虫在果实内蛀食，影响果实的商品价值。

2. 防治方法

主要采用物理防治方法，如挂黄板、用糖醋诱杀都是经常使用的方法。还可采用生物防治，如用性诱杀剂诱杀。

（五）蓟马

1. 危害特点

危害嫩梢、花期、幼果，影响果品。

2. 防治方法

悬挂蓝板诱杀。可在开花前用药防治，如用高效氯氰菊酯或高效氯氟氰菊酯混合噻虫嗪或吡虫啉等，进行叶面喷洒。

第八节　采　　收

百香果的采收期以果实充分成熟、香气浓郁时为宜。一般在开花后 60～80 d，果实颜色开始由绿转变成品种固有颜色紫或黄且有香味时采收。有些果实成熟后掉落在地上，可以捡拾。树上果皮绿色的未熟果不宜采收。未熟果经催熟后，酸度高，香味也会降低。

百香果采收应该选择在晴天早晨为宜，尽量不要在高温时采果，雨天或雨刚停忌采，否则会增加伤口，使果实腐烂，主蔓染病。采果时要轻拿轻放，保护叶片，尽可能避免机械损伤。

采摘下来的百香果运送包装场或果园阴凉通风处就地整理，严格剔除病虫危害果和伤果，之后根据市场需要进行包装。包装可以用衬有塑料薄膜的纸板箱、木箱或竹箩等，在堆积待运及运输中要注意保湿。

第十四章 番 木 瓜

　　番木瓜又称木瓜、乳瓜，属番木瓜科番木瓜属，为热带、亚热带常绿多年生草本植物，原产于墨西哥及美洲中部地区。番木瓜的茎不分枝或有时于损伤处分枝，具螺旋状排列的托叶痕。花果期全年，果实长于树上，外形像瓜，产量高、营养丰富，富含维生素类，未熟果实含木瓜蛋白酶，果肉可做食品或饲料，熟果可鲜食，可加工等，在医学、化工、食品、饲料上都有广泛的应用。

　　番木瓜喜高温多湿热带气候，不耐寒，生长适宜温度为25～32℃，气温10℃左右生长趋向缓慢，5℃幼嫩器官开始出现冻害。根系较浅，忌大风，忌积水。对土壤适应性较强，酸性至中性的丘陵、山地都能正常生长，但以疏松肥沃的沙质壤土或壤土生长为好。在中国，番木瓜主要分布于广东、海南、广西、云南、福建、台湾等地。

第一节　品种介绍

　　海南省先后种植过岭南番木瓜、泰国番木瓜和马来西亚番木瓜等品种，由于抗病性和外观、品质等原因，这些番木瓜逐渐被淘汰。目前，海南栽培的主要品种如下：

一、穗中红

广州市果树科学研究所培育的大果型品种，特点是早熟、丰产、优质。果实色泽艳丽，味清甜，是鲜食、菜用的优良品种。株型矮化，茎秆灰绿；叶略小，缺刻多。在海南 4～8 月开花时，果实成熟期 120～150 d；而 10 月开花则需 6 个月以上才能采收。穗中红花性较稳定，高产稳产，平均单果重约 1.2 kg，果形美观，两性株果长圆形，雌性株果椭圆形，果肉橙黄、质滑、味清甜，可溶性固形物含量 11.5％～12.5％。不抗环斑花叶病。

二、日升

台湾选育的优质小果型系列品种，特点是结果早，结果能力强，果形美观，果实大小较一致，果皮光滑，果沟不明显，畸形果少，雌果近球形，两性果实长圆形。一般在定植后 7～9 个月可采收，平均单果重 500～700 g，果肉红色艳丽，可溶性固形物含量 12％～14％，品质优，风味极佳。植株矮壮，较抗环斑花叶病。

三、台农 2 号

由台湾选育的中果型优良品种。该品种生长势强，早生，植株较小，结果早，产量高。在海南种植，从播种至开花 7～9 个月，产量较高，株年产量 32.6 kg，平均单果重 1.1 kg。雌果椭圆形，两性果长椭圆形，果形平整美观，果面光滑，成熟后果皮橙红色，果肉红色多汁，可溶性固形物含量 11％～12％，果味清爽。较抗花叶病。

四、华抗 2 号

华抗 2 号番木瓜是华南农业大学和广州市番禺区种子公司共同选育的高抗番木瓜环斑花叶病，高产、高酶的杂交一代组培新品种。植株矮生，抗风力强，叶柄紫红色，叶色浓绿，早蕾早花，坐果率高，果卵形，单果重 1.5～2.0 kg，肉色橙黄，味甜，可溶性固形物含量 11%，年亩产 7 000 kg 以上。

五、穗优 2 号

穗优 2 号是广州市番禺区种子公司选育的杂交一代小果型组培品种。该品种抗病、优质、早收获。高抗番木瓜环斑花叶病，全为两性株，在高温期花性趋雄程度较轻，坐果稳定，果倒卵形。单果重 0.5～0.8 kg，成熟后果皮黄色，果肉红色，肉质嫩滑，味甜清香，可溶性固形物含量 13% 以上。产量较高，单株年产果可达 80～90 个，产量稳定。

六、岭南种

引自夏威夷，在海南有较长的栽培历史，特点是植株较矮、早结丰产，两性株果实较长，肉厚，果肉橙黄色，味甜，含可溶性固形物约 11%，有桂花香味。耐湿性较强。其中又选出岭南 5 号和岭南 6 号。岭南 5 号果较小，平均单果重 1 kg 左右，果较圆。岭南 6 号果较大，平均单果重 2～3 kg，果实长圆形。

七、穗黄

穗黄番木瓜是 2002 年广州市番禺区种子公司选育出来的中果型番木瓜组培新品种。该品种高抗环斑花叶病，全为长圆形两性株，在高温期花性趋雄程度较轻，坐果稳定，果纺锤形或倒卵形。单果重 0.8～1.3 kg，果肉黄色，肉质嫩滑，味甜清香，可溶性固形物含量 13%～15% 及以上。高抗环斑花叶病，单株产果 50～60 个，果菜兼用型。

八、中白

中白番木瓜是海南选育，植株偏矮粗壮，抗台风，抗病毒，结果能力强，坐果率高，单株果数80多个，单果重0.4～1.0 kg，果皮黄红色、光滑美观，果肉橙黄色、肉厚、汁多、肉质细腻嫩滑、气味清醇芳香。平均亩产6 000 kg以上。

九、红日2号

红日2号番木瓜由广州市果树科学研究所选育，株型矮壮，结果早。始果高约56 cm，两性果呈长椭圆形，连续坐果力强，单果重约700 g，单株产量19 kg左右，丰产稳产，品质优，环斑型花叶病毒病发病较轻。

十、美中红

美中红番木瓜为广州市果树科学研究所选育的小果型红肉品种。植株较粗壮，两性果呈纺锤形，肉质嫩滑清甜，品质极佳，单果重约600 g。适应性较强，较耐花叶病，具早熟丰产性。

第二节　种苗培育

番木瓜育苗目前生产上主要采用实生育苗和组培苗，以下介绍常用的种子实生育苗技术。

一、苗圃地选择及苗床准备

番木瓜幼苗忌积水，怕霜冻，尤其怕冷湿。因此，育苗地应选择地势较高、排灌方便、温暖、光照充足的地方。番木瓜花叶病毒可通过昆虫和接触传染，故苗地应选择远离旧番木瓜园0.5～1 km的地方，并与葫芦科瓜园距离200 m以上。

平整土地，清除杂草，用石灰进行消毒后起畦。为了便于防寒等田间管理，畦向应东西走向，畦高20 cm，宽150 cm左右，搭建高 1.8 m 左右的拱形棚，盖好遮阳网，或搭建网室防虫、防病。

二、营养土配制及装袋（杯）

采用营养袋育苗是防止移苗伤根、保证移栽成活的有效措施。海南地区在 10 月底和 11 月上旬播种。催芽后用营养钵育苗，以保护根系。营养土配方为充分腐熟的农家肥 20%、沙壤土 50%、细沙 30%，混匀后用 70%甲基硫菌灵药液 5 kg/m³ 淋浇消毒后备用。播种前装袋（杯），营养袋规格为 12 cm×13 cm，营养杯规格为 9 cm×9 cm。装满土要稍加压实，以防定植时泥土松散，影响成活。营养袋（杯）四周填泥土固定和保湿。

三、种子处理及播种育苗

先用清水洗净种子，然后用 70%甲基硫菌灵 600 倍液浸泡消毒种子 20 min，捞出用清水洗净，再用磷酸三钠 1 000 倍液浸泡 30 min，捞起洗干净，最后用 4%赤霉素乳油 800 倍和 0.01%天丰素乳油 2 000 倍混合液浸泡 18 h 左右，捞出用纱布包好，放在 33～35 ℃下催芽，催芽过程中注意保持种子湿度，不能过湿或过干，5～7 d 种子破壳露白后播种。每袋（杯）播 1～2 粒种子，播后盖一层稻草，浇透水，保湿保温，最后盖上遮阳网或塑料地膜，待种子萌芽后，及时掀开覆盖物。

四、苗期管理

番木瓜生长的适温为 16～32 ℃，冬季应做好防寒保温工作。苗期管理主要包括以下几点：

1. 搭矮拱棚

搭矮拱棚可防寒或防晒，低温期育苗要盖上塑料薄膜保温，高温期育苗要用遮阳网降温。番木瓜播种 7～15 d 后，幼苗的子叶陆续露出表土，应及时揭去覆盖物，用竹片搭拱棚，盖上塑料薄膜或遮阳网，以保温防寒防晒，促进幼苗生长。棚内温度超过 35 ℃ 或阳光强烈时，10：00 以后把拱棚的薄膜揭开或两端揭开通风降温，17：00 左右重新盖上，并结合加盖遮阳网调节温度和光照。

2. 水肥管理

用营养袋（杯）育苗时营养土较少，随着小苗生长，吸水量增加，营养袋（杯）水分容易干枯。应保持营养袋（杯）中土壤持水量 70% 左右，营养土表面发白时，应及时浇水，否则会影响小苗生长。当小苗长出 3~4 片真叶时，开始淋施 0.1%~0.3% 复合肥水（$N : P_2O_5 : K_2O = 15 : 15 : 15$），以后每 5~7 d 淋施 1 次，浓度从小到大逐渐增加，但不能超过 0.3%。培育健、矮、壮苗要合理控制水分、养分和温度，做好控上促下和炼苗。幼苗长出真叶后开始控制水分，促进根系生长，抑制茎、叶节间伸长，土壤不能过湿，以捏之成团为宜；施肥以磷、钾肥为主，少施或不施氮肥；温度控制在 30 ℃ 左右，光照充足，以达到叶厚，色绿，苗高度适中，节密，透过营养杯可见发达粗壮的白根。

当苗木长出 5~6 片真叶时，逐渐减少盖小拱棚的时间，控制肥水，尤其是氮肥，可促使茎秆增粗，叶片长厚，幼苗抗逆性增强。

3. 出圃定植

培育约 90 d，当番木瓜苗高 20 cm、长出 10 片以上真叶时就可出圃定植。出圃时要用竹筐、木箱或坚固纸箱、塑料箱盛装，容器内要株株靠紧，单层摆放防止压伤幼苗。

避免中午阳光强烈时出圃装运，最好阴天出圃。运输途中注意遮阳，到达目的地后存放于室内或有遮阴的地方，并尽快定植。

番木瓜优良苗木的标准是矮壮、茎粗、叶片齐全、叶色浓绿、须根多、无烂根、无病虫害。

4. 病虫害防治

番木瓜苗期主要病虫害有花叶病、炭疽病、白粉病、根腐病、蚜虫、红蜘蛛等。若发现有环斑花叶病的病株要及时清除，以免病害扩散。幼苗陆续出土后，每周喷 1 次 70％甲基硫菌灵 1 000 倍液，或 50％多菌灵 1 000 倍液，以防感染根腐病、炭疽病。防治白粉病，可喷 40％胶体硫 500～600 倍液 2～3 次。防治蚜虫用 50％抗蚜威可湿性粉剂 2 000 倍液喷杀 2～3 次。红蜘蛛较少时，用水冲洗 2～3 次，虫量较多时，用 1.8％阿维菌素 4 000 倍液喷雾 2 次。

第三节　园地选择与整地

一、园地选择

番木瓜怕旱忌涝，对氯化钠敏感，商业化栽培宜选水、热资源丰富的坝区，要求土壤疏松，土层深厚，富含有机质，避风向阳，排灌方便，地下水位在 50 cm 以下，交通便利，无污染和恶劣环境，且周边无旧番木瓜园、无葫芦科及十字花科的菜园。

二、整地

水田或低洼地，宜采用深沟高畦法以降低地下水位。犁翻园地后充分晒垡，打碎耙平耕作层土壤用石灰进行土壤消毒和调节 pH 5.5～6.7。按畦宽 5 m（包含沟）起畦，畦沟深、宽各 40 cm，双行种植，并在园地四周挖深、宽各 60 cm 的总排水沟。播前喷除草剂，全面灭草。

第四节　栽　　植

一、栽植时间

海南一年四季均可栽植。其中 3 月上旬至 4 月上旬定植，植后气温逐渐升高，雨量充足，植株生长快。

二、栽植方法

定植的株行距可根据不同品种的树冠幅度和各地的自然条件来确定：树冠幅度大的品种种稀一些，幅度小的种密一些。在荫蔽的平地种稀一些，山地、山坡地种密一些。

株行距为 $(2.3\sim2.4)$ m$\times$2.5 m，每穴双株，每 667 m^2 种植 $220\sim240$ 株，两株相距 $20\sim30$ cm，现蕾后选留综合经济性状较好的两性单株，每 667 m^2 留 $110\sim120$ 株。按规划好的株行距在畦上挖植穴，植穴长、宽、深均为 50 cm。并在定植前 1 周，结合回填，各穴施入与表土充分拌匀的有机肥 10 kg、过磷酸钙 500 g、硼砂 $5\sim10$ g。

栽植时，在穴顶挖深约 15 cm 的小坑，把苗放入坑内，同时将营养袋（杯）除去，不要压破土团，以免伤根。将苗向畦沟方向倾斜 45° 进行斜栽，覆土厚度以略高于苗根颈为宜。回填表土压实，淋足定根水。然后铺稻草或地膜等覆盖保温保湿，防止土壤板结。

温馨提示

10:00 前或 17:00 后或阴天栽植较好。植后每天淋水 1 次，保持土壤湿润。成活后逐渐减少淋水次数。定植后用敌克松淋浇根 1 次，可有效防治小苗根腐病，提高成活率。

三、补苗

定植后死苗、缺苗要及时补苗。用来补苗的苗龄要与定植的苗一致，且补苗在阴雨天进行较好。移植时带土团，种植深度与原来一致，移植后淋水，并注意防晒保湿。

第五节　水肥一体化技术

一、微喷灌装置

番木瓜园每 8～10 hm^2 安装一台 18 kW 水泵用于抽水，砌一个长、宽、深为 3 m×3 m×1.5 m 的水肥池，安装一台3.5 kW自吸泵作为肥池的搅拌泵，不间断搅拌肥池里的肥料。再安装一台5.5 kW 的管道泵，增加 φ110 m 管道输送水的速度，从而增加φ40 mm 喷带出水量，在管道泵 φ110 mm 出水管中安装一个三通接头，在 25 mm 管径头上接入软管。另一头导入肥池的底部，管道泵在输送水流中，形成一个负压，池中的水肥顺着软管进入输水管中，随着水流向前运动，水肥自然混合均匀。顺着 φ40 mm喷带喷水，番木瓜苗四周全部洒满肥水。

二、施肥原则

番木瓜的施肥原则：苗期勤施薄肥，现蕾期、幼果期、盛果期重施；以农家肥为主，化肥为辅，有机肥和无机肥相结合。生产上多以有机肥为基肥，有机水肥为追肥，化肥为补肥。

三、施肥方法

叶面肥喷施，化肥浅沟施或撒施。一般幼树用环沟施，沟深10 cm，宽 15 cm，沿滴水线施后覆土；3 个月大的壮树，在植株两侧沿滴水线挖浅沟施肥后覆土。施肥时不要灼伤茎、叶。

> **温馨提示**
>
> 一般干旱季节兑水浇施，雨季或有喷灌设备的撒施后浇水，效果较好。有机肥中的饼肥或农家肥需沤熟 20 d 后兑水施用。

四、肥料配比

（一）苗期

番木瓜苗期 60 d 内，两行苗之间增加一条 φ40 mm 无孔喷带，再用 φ4 mm 小喷管一头扎进喷带内。另一头引伸到木瓜苗的根部，运送清水、肥水、灌根的药，采用高塔造粒技术生产的三元复合肥（15 - 15 - 15），缩二脲含量低，对幼苗根系不造成伤害。肥池的肥料浓度按 1∶300 配制，搅拌机拌匀后，管道泵把肥水吸进喷带内，顺着喷管流到根的周围，一次的肥水量 1 kg 左右，视天气情况每 10 d 一次肥水，20 d 增加一次芸苔素、氨基酸液体肥，可使初期早生快长。

60～120 d 番木瓜幼苗到 70 cm 高，靠小喷管送水和肥的量已经满足不了番木瓜的生长需求。每行番木瓜苗设一条 φ40 mm 三孔喷带，一般水肥配比，一株番木瓜每次施三元复合肥 0.1 kg 或硫酸钾镁肥 0.1～0.15 kg，视天气情况每 10 d 一次水肥。

（二）开花期

开花期是决定番木瓜产量的重要时期，要加大肥水管理。此时在每棵树的滴水线四周挖深 10 cm、宽 15 cm 的环沟，追施微生物有机肥 4 kg、硫酸镁钾肥 1 kg、复合肥 0.5 kg，盖土并浇水。

（三）结果期

番木瓜的结果期持续时间长，施肥要掌握好勤、薄、均的原则。一般全部施用水溶性的肥料，每 10 d 施肥一次。最好复合肥、钾肥、氨基酸液体肥配合施用，保证每个果实得到充分营养，提高单果重。

注意喷水肥时调低喷水高度，尽量不让肥水溅到果皮，沾污果皮，造成次果，卖相差。

五、水分管理

番木瓜园规模化生产，采用微喷灌效果较好，可合理供给番木瓜各生长期所需水分。经常保持土壤湿润，视土壤含水量，每 1～3 d 喷 1 次水，保证在干旱季节也能供水，避免落花落果。

雨季注意及时排水，严防积水或过湿引起烂根。可结合中耕除草对畦面进行培土，防止露根现象发生，排除积水隐患。

第六节　植株管理

一、定苗

由于番木瓜株性不够稳定，两性株和雌性株比例几乎各占一半，而果肉较厚的两性果才是商品果。所以种植番木瓜一般采取每穴种 2 株，待植株刚现蕾开花时，根据花性可鉴别出两性株，选留经济性状好的两性株，清除雌株和雄株，缺株的位置及时补植。

目前生产上购买组培苗，一般在出圃前都已经对苗的性别进行了鉴定，可以单株栽植，管理上可省略这一步。

二、矮化植株

人工矮化栽培可促使植株生长矮壮，提高抗风能力，便于疏花疏果、采果等操作。具体做法：在定植时，采用斜植，将苗斜 45°种植，植后一个月，株高约 30 cm 时，进行第 1 次拉苗矮化，即用绑带顺番木瓜苗斜栽方向套住其茎秆（生长点向下 15 cm 的位置），朝地面缓慢下拉至离地 10 cm 高处，用竹竿固定；第 2 个月植株高 50 cm 时进行第 2 次拉苗，经两次适当拉苗矮化，株型基本固定，形成干粗、株矮、结果部位低的树形。

拉苗可使植株基部弯曲，节间短，自然高度降低约 50 cm，开花提前，挂果数增多等。

三、除枯叶、摘侧芽

番木瓜茎秆被拉弯后易长侧芽，侧芽会消耗植株养分，抑制开花结果，又妨碍通风透光且易滋生病虫，要及早抹除。残存的枯枝败叶会划伤果实，引起流乳和病害，也要清除。

四、人工辅助授粉

番木瓜株性和花性均不稳定，自然授粉坐果率低，畸形果多，以致影响商品果率和产量。通过人工辅助授粉，可大大提高番木瓜的坐果率，增大果实，减少畸形果，从而提高其商品果率和产量。具体做法：在晴天上午 10：00，选取健壮植株上当天开放的两性花，用镊子轻轻地取下其上的花药，放于干净的玻璃器皿中，勿伤子房，然后用毛笔蘸一下花药上已裂开散出的花粉，轻轻地涂在刚开放的雌花或两性花的柱头上，人工辅助授粉即完成。

生产上采用组培苗筛选过全为两性花的植株，可以不进行人工辅助授粉。

五、疏花疏果

番木瓜现蕾开花后，每一个叶腋处均能成花，有的是单花，有的则是数朵花形成花序，要进行人工疏花疏果。每一叶腋仅留 1～2 朵花，多余的花及时疏去，避免消耗过多养分。

对病虫果、畸形果和过密的弱果应及时疏除，每个节位选留 1～2 个优质果，提高商品果率。

六、防风

番木瓜根浅，茎部中空，大风易将植株连根拔起或拦腰折断，一般要采取防风措施。通过采取苗期矮化，长高后用竹竿加固，营造防护林，或在大风来临前割叶等措施减少风害。

第七节　病虫害防治

番木瓜病害已知的有 40 多种，我国番木瓜产区常发生的病害有 10 多种，其中发生最普遍、危害最严重的毁灭性病害是由病毒引起的番木瓜环斑花叶病。从种子消毒到果实采收应遵循"预防为主，综合防治"的植保方针，减少花叶病、炭疽病、叶斑病、白粉病、霜疫病、疮痂病、根结线虫病的发生和危害，及时防治蚜虫、红蜘蛛、蓟马、果实蝇、棉铃虫、介壳虫。

一、主要病害

（一）番木瓜环斑花叶病

番木瓜环斑花叶病来势凶，传播快，危害大，是毁灭性病害。可通过蚜虫、摩擦等多种途径传播。病毒还可寄留在园地、园周的寄主上，生长期再传给植株，其发病果实品质极差，失去商品价值。

1. 症状

植株感病后最初只在顶部叶片背面产生水渍状圈斑，顶部嫩茎及叶柄上也产生水渍状斑点，随后全叶出现花叶症状，嫩茎及叶柄的水渍状斑点扩大并连合成水渍状条纹。老叶极少变形，但新长出的叶片有时畸形。感病果实上产生水渍状圈斑或同心轮纹圈斑，2～3 个圈斑可互相连合成不规则大病斑。在天气转冷时，花叶症状显著，病株叶片大多脱落，只剩下顶部黄色幼叶，幼叶变脆而透明、畸形、皱缩。

2. 防治方法

（1）农业防治。目前还没有完全有效的根治药物及方法，只能采取农业综合防治措施。

选择耐病品种：一般岭南种较易感病，在病区可改种耐病品种，如穗优、穗黄、日升等。

加强栽培管理：改进栽培管理措施，增强植株抗病能力。选购脱毒组培苗，施足基肥，加强水肥管理，补充微量元素，促进植株生长健壮。

及时砍除病株：植株在营养生长期一般抗病性较强，当进入开花结果阶段，抗病性减弱，此时田间会陆续出现病株，应注意检查，发现初发病株应及时砍除，并集中喷药处理后粉碎沤肥，防止病害扩展蔓延。

防治蚜虫：全园喷药杀灭蚜虫，减少传毒介体的数量。

（2）药剂防治。可用10％吡虫啉可湿性粉剂1 500～2 000倍液与病毒必克或病毒宁、菌克毒克、病毒A、83增抗剂、植病灵乳剂、吗啉胍等抗病毒药、增抗剂混用。在蚜虫迁飞高峰期，特别是干旱季节及时检查喷药，注意清除果园周围蚜虫喜欢栖息的杂草。

（二）番木瓜炭疽病

1. 症状

番木瓜炭疽病可全年危害番木瓜，发病率较高，在高湿环境发病较严重，果实贮藏期还可继续危害。被害果面先出现黄色或暗褐色水渍状小斑点，而后逐渐扩大，病斑中间凹陷，四周出现轮纹状，变黑。叶片上病斑多发于叶尖、叶缘，出现褐色不规则小黑点，逐渐干枯，有的病斑扩大，有轮纹，叶柄上出现轮纹下凹病斑，后变为小黑点。

2. 防治方法

及时清园，喷药消毒或深埋病叶、病果，在高湿季节发病初期，可用50％代森锰锌可湿性粉剂300倍液，或40％灭病威悬浮剂500倍液，或75％百菌清可湿性粉剂800倍液，或70％甲基硫菌灵可湿性粉剂800倍液喷雾防治，每5～7 d喷药1次。

（三）番木瓜霜疫病

1. 症状

叶斑褐色，呈不规则水渍状，茎秆呈深褐色，水渍状腐烂，叶片发黄，果上开始呈不规则褐色水渍状斑，扩大至整个果实而软腐。

2. 防治方法

用 70％甲霜・锰锌 600 倍液或 70％乙膦铝・锰锌 800 倍液防治效果较好。

（四）番木瓜疫病

1. 症状

主要危害番木瓜果实，常在果实蒂部首先发病。病部水渍状，淡褐色，病健交界处无明显的边缘。天气潮湿时，果实很快腐烂，病部上面着生有稀疏的白色霉层，为病菌的孢子囊梗及孢子囊。尚未发现根、茎基、叶片被害。

2. 防治方法

以药剂防治为主。当病害出现后，应立即喷药。每隔 10～15 d 喷药 1 次，喷药次数要根据天气及病情而定。有效药剂有：58％瑞毒・锰锌可湿性粉剂 600 倍液，或 65％代森锌可湿性粉剂 500 倍液，或 25％甲霜灵可湿性粉剂 800 倍液，或 90％乙膦铝可湿性粉剂 500 倍液，或 1％波尔多液。此外，要及时清除田间的病果及病苗。

（五）番木瓜白粉病

多在温暖潮湿季节发病，11 月至翌年 1～2 月为发病高峰期。

1. 症状

叶片正面和背面有白色霉状斑，病斑无明显边界，霉斑逐渐扩展，颜色加深成粉状斑，严重时病斑布满整张叶片，呈淡黄色，甚至干枯脱落。

2. 防治方法

发病初期，每 7～14 d 喷药 1 次，连喷 2 次。可选用 12.5％腈菌唑乳油 3 000 倍液，或 80％戊唑醇可湿性粉剂 6 000 倍液，或

20％三唑酮可湿性粉剂2 000倍液，进行喷雾防治。

（六）番木瓜疮痂病

1. 症状

受害部多位于叶背面的叶脉附近，初为白色，后变黄色至灰褐色，圆形或椭圆形，逐渐变厚呈疮痂状，表面组织木栓化，与此相对应的叶正面呈不规则的黄斑，后转大块黄褐斑，叶片略皱缩。果面病斑与叶斑相似，但斑面略凹陷粗糙。

2. 防治方法

结合炭疽病防治，选用25％咪鲜胺500～1 000倍液，或50％多菌灵1 000～1 500倍液进行防治，效果较好。

（七）番木瓜黑腐病

1. 症状

主要危害果实，形成圆形至椭圆形或不规则的褐色、稍凹陷的病斑，上生灰色至黑色霉状物。病斑有时也生在叶片上，圆形至不规则，也生灰色至黑色霉状物。

2. 防治方法

及时清园，集中喷药消毒或深埋病叶、病果。在病害高发季节，用10％苯醚甲环唑水分散粒剂2 000倍液或50％多菌灵可湿性粉剂600倍液喷雾预防，始发时用70％代森锰锌可湿性粉剂500倍液，或40％氟硅唑乳油8 000倍液喷雾防治。

（八）番木瓜根腐病

1. 症状

主要危害根茎部，育苗期和刚定植不久的小苗较容易感病。特别是苗地及栽培地块过于潮湿或排水不良造成积水，土壤黏性大更易感染此病。植株发病初在茎基部呈水渍状，后变褐腐烂，叶片枯萎，植株枯死，根变褐坏死。

2. 防治方法

深挖排水沟，降低地下水位，及时排水；用敌百虫、甲基硫菌灵、多菌灵加生长调节剂爱多收、萘乙酸等混合液灌根；喷叶面肥改善营养。

（九）番木瓜茎腐病

1. 症状

番木瓜茎腐病是近年发生的一种病害，以沙土为重。感病后，茎部产生水渍斑，并流出白色胶水状物，后组织消解缢缩折倒、萎缩，湿度大时病部产生棉絮状菌丝。

2. 防治方法

种植时植株基部不能埋过深；药物防治同霜疫病，注意用药水浇基部。

（十）番木瓜瘤肿病

1. 症状

这是一种生理性病害。病株叶片变小，叶柄缩短，幼叶叶尖变褐枯死，叶片卷曲脱落，花常枯死。果实很小时就大量脱落。在嫩叶、花、茎和果面上均有乳汁流出，并在流出部位有白色干结物。没有溃烂的果实有瘤状凸起，凹凸不平，瘤肿处的细胞硬化，有脂肪沉淀物，严重的瘤果种子退化败育，幼嫩白色种子变褐色坏死。

2. 防治方法

补充硼元素可防治。土壤施硼砂，分 2～3 次施，每次株施 5～10 g。叶面喷 0.25％硼酸溶液，每月喷 1 次。

二、主要虫害

番木瓜虫害主要有蚜虫、红蜘蛛和介壳虫等，全年均可发生，温暖干旱季节发生严重，在开花结果期也有果实蝇、蓟马、棉铃虫等危害。应以农业防治为主，结合使用生物、物理和化学药剂防治。

（一）红蜘蛛

1. 危害特点

红蜘蛛主要活动于番木瓜的叶片背面，吸取汁液。每年达 20

多代，抗药性较高，在植株老叶和含氮量高的叶片繁殖快、危害重。

2. 防治方法

及时清除老叶，科学用肥。药剂选用 1.8％阿维菌素乳油 3 000 倍液，或 20％哒螨灵悬浮剂 1 500 倍液，或 40％炔螨特乳油 1 500 倍液等。主要喷叶背，药物要交替使用。喷撒硫黄粉可抑制其生长。

(二) 蚜虫

1. 危害特点

蚜虫的成虫、若虫均吸食嫩芽幼叶的汁液，致使新叶皱缩、扭曲，其排出的蜜露可引起煤烟病；而更为严重的是可以传播番木瓜环斑花叶病毒病。番木瓜环斑花叶病的病原病毒随着汁液吸入蚜虫体内，使蚜虫成为带毒蚜虫，当带毒蚜虫再去吸食健康植株时，便把病毒传播给健康植株。其传播病毒病所造成的损失，远比自身直接危害严重得多。

2. 防治方法

蚜虫对黄色具有强烈的正趋性，挂黄色诱蚜板进行种群数量测报或诱杀。化学防治可用 10％吡虫啉可湿性粉剂 1 500 倍液，或 50％抗蚜威可湿性粉剂 2 000 倍液，或 50％马拉硫磷乳油 1 500 倍液等进行喷杀。

(三) 番木瓜圆蚧

1. 危害特点

番木瓜圆蚧属同翅目盾蚧科。以成虫、若虫刺吸番木瓜植株的叶、茎及果实的汁液。被害植株生长势弱，被害果难以黄熟，味淡肉硬，品质降低，易腐烂。

2. 防治方法

彻底清除被害植株，集中喷药处理后粉碎沤肥，降低虫口密度，消灭越冬圆蚧。在若虫初孵化期，喷洒 10％吡丙醚乳油 1 000

倍液。如果树干上害虫盛发，用柴油加药剂涂抹树干，可起到较好的效果。

番木瓜园内，每棵植株上各挂一个黄板和蓝板进行诱杀，经常替换，效果比较好。

第八节　采　　收

一、采收适期

番木瓜由开花至果实成熟的时间，因品种和结果的季节不同，短则 90 d，长则达 210 d 以上。过早采收，果实没有成熟，果品质量达不到要求；过晚采收，果实不耐贮藏。必须根据果实用途不同，贮藏和运输所需时间长短，确定采收标准。适时采收，才能保证果实品质，方便贮运。

番木瓜果实的发育进程可根据皮色及硬度来判断，由幼果到成熟果实的变化过程是：粉绿—浓绿—浅绿—黄绿—出现黄色条纹—黄纹扩大（果肉尚硬）—黄果（果肉变软）。果皮出现黄色条纹，表明果实已开始进入成熟期，可以采摘。供本地市场销售的鲜果，成熟度要求高些，果面有两条或三条黄色条纹（三画黄）、果肉将要开始变软时采收较为合适。供应外地市场的果实，因贮运时间较长，可在果皮刚开始变黄，尚未出现黄条纹时采收，果肉较硬、果皮坚实、运输方便，且后熟后能够保持番木瓜固有的风味。

果实乳汁状况的变化也反映其成熟度。随着果实趋于成熟，乳汁颜色由乳白变淡，后变成轻微混浊的半透明状，汁液减少，流速减慢，较易凝结。果实完全成熟后，乳汁基本消失。

二、采收方法

采摘应选择晴天进行，采果前喷杀菌剂。采收时，手握果实向上掰或向一个方向旋转，连果柄一起摘下。不带果柄采收，采后果柄处易感染病菌而发病。成熟的番木瓜果实，由于皮薄、质软，容易造成机械伤，所以在采收的过程中要小心操作，避免损破果皮。采下的果实要放于垫有泡沫纸或纸屑的木箱或塑料箱内，轻放，果柄朝下，使滴下的乳汁不污染果面。果实装箱不能满箱，以防挤压。将采摘装箱的果实及时运送到采后处理场，严禁暴晒，防止果面发生日灼。

第十五章　无花果

　　无花果为桑科无花果属的落叶小乔木，是亚热带果树，有近800个品种。无花果原产地中海沿岸，于汉代传入我国，并最早在新疆南部栽培，随唐代"丝绸之路"传入内地，在我国已有2000年的栽植历史。我国的无花果产地主要分布在山东、新疆、江苏、上海、浙江、福建、广东、陕西、甘肃、四川、广西等地；华北地区的无花果主要集中在山东沿海的青岛、烟台、威海地区；江苏省主要分布在南通地区、盐城地区、丹阳市、南京市；福建省集中栽培主要在福州市，上海市郊也有一定面积。新疆主要分布在阿图什、库车、疏附、喀什市、和田等地。山东无花果面积最大，约0.23万 hm^2，其中威海有2000 hm^2，青岛、烟台、济南较多。新疆无花果面积全国第2，为0.10万～0.13万 hm^2，其中阿图什市667 hm^2 左右，喀什地区和和田地区各200～267 hm^2。2016年，全国无花果种植面积已达5000 hm^2，产量达到4.18万 t。海南省在2018年才开始从浙江引进，在东方、乐东、五指山、陵水、万宁等市县零星试种植。

第一节　品种类型

一、无花果的类型

　　按照无花果是否经过授粉才能结实将无花果分为以下四种类

型：普通类型、斯密尔那类型、中间类型和原生类型四大类。

（一）普通类型无花果

普通类型无花果是亚热带落叶果树，几乎不需要冬季低温就能打破休眠。其雄花着生在花序托上部，花序主要为中性花和少数长花柱雌花，不需授粉就能结实，形成一种可食用的聚合肉质果实。同时，长花柱雌花经人工授粉还可获得种子。目前世界范围内无花果栽培品种绝大多数为此类型。

（二）斯密尔那类型无花果

斯密尔那类型无花果原产于小亚细亚斯密尔那地区。花序托内只着生雌花，只有长柱花。通过无花果小黄蜂传播原生型无花果花粉受精，才能形成可食用果实。有夏果和秋果，生产上主要收获秋果。当地许多制干品种属于此类。

（三）中间类型无花果

中间类型无花果的结果习性，介于斯密尔那类型和普通类型中间。第一批花序不需经过授粉即能长成可食用果实，为春果。第二、三批花序需经授粉，才能发育成可食用果实，为夏果和秋果。

（四）原生型无花果

原生型无花果是原产阿拉伯地区及小亚细亚的野生种，被认为是栽培种类品种的原始种，其花序托上着生雄花、雌花和虫瘿花，雄花着生于花序托内的上部，虫瘿花密生于花序托的下半部，雌花也着生于下半部，但数量极少。在温暖地区，该品种一年可产生三次果，即春果、夏果和秋果。美国栽培的三种食用无花果，很可能为原生类型的无花果进化而来。其中春、夏、秋果的一季果实里可能会发现隐藏的小黄蜂幼虫或成虫。花托内的短花柱花产生花粉，适于无花果小黄蜂产卵，具协助雌株或其他类群无花果授粉作用。

二、无花果的品种

国内目前主栽无花果的品种较多，有青皮（威海、上海青皮）、玛斯义陶芬、波姬红、金傲芬、美丽亚、福建白蜜双果（长江 7 号）、中国紫果（红矮生）、日本紫果、丰产黄、布兰瑞克、芭劳奈、新疆早黄、中农矮生（B1011）、中农红（B110）、加州黑、蓬莱柿、绿抗 1 号、砂糖（西莱斯特）等。根据果皮颜色可分红色品种、黄色品种、绿色品种等；根据果实用途，可分为鲜食品种、加工品种、观赏品种等。目前在海南种植长势比较好、深受欢迎的主要是鲜食红色品种波姬红。

（一）波姬红

波姬红无花果，1998 年由美国引入我国，为鲜食品种。树势中庸、健壮，分枝力强，新梢年生长量可达 2.5 m，叶片较大，始果部位 3～5 节，极丰产。果长卵圆形或长圆锥形，果形指数 1.37，果实成熟后果皮紫红色，果肋明显。单果重 80～100 g，味甜、汁多。耐盐碱性较强。

（二）丰产黄

丰产黄，原产于意大利，加工用品种。树势中庸，枝条纤细，抗病性好，适合高温高湿的环境，特别丰产。单果重 60 g 左右，果实成熟后果皮琥珀色略带浅红，果肉致密，味道浓甜，口感好。果目小，减少了昆虫侵染和酸败。果皮较厚而有韧性，易于贮运。

（三）芭劳奈

芭劳奈也称芭劳内、大芭，2013 年由日本引入我国。鲜食、加工兼用品种。树势中庸，新梢年生长量约 2.1 m，树势开张，分枝角度较大，节间短，分枝力较强。始果节位低，一般在 3～4 节。抗病性好，节间短，丰产性好。果实成熟后果皮褐色，皮孔明显，果形指数约 1.3，果大，单果重 110 g 以上。甜味浓，肉质为黏质，品质好。

（四）青皮

青皮无花果品种为鲜食、加工兼用品种。树势强，主干明显，侧枝开张角度大，丰产性强。果实中等大小，扁、倒圆锥形，果形指数 0.86 左右。果实成熟前绿色，熟后黄绿色，果肉淡紫色，果目小，开张，果面不开裂，果肋明显，果皮韧度较大，果汁较多，含糖量高。该品种适应性广，南方栽培注意控制旺长。

（五）布兰瑞克

布兰瑞克品种的无花果，原产于法国，加工用品种。长势中庸，树姿开张，分枝力较弱，枝条中上部着果较多，连续结果能力强。果实倒圆锥形，成熟后果皮黄绿色，单果重 80 g 左右。果顶不开裂，果实中空，果肉含糖量高，可达 18%～20%，肉质细，味甘甜，品质佳。

（六）中国紫果（红矮生）

红矮生品种的无花果，盆栽无专用型。树矮小，枝条节间短，分枝多，树形优美，果期长，较耐阴。结果性特强，果实成熟后果皮紫红色。适合盆栽或作为矮灌木植于庭院、花园，用于观赏。

（七）砂糖

砂糖无花果品种，从意大利引进。树势强、树姿稍直立，耐寒性强，适合北方地区种植，丰产性强。果小，梨形，单果重 60 g 左右。果梗长，果皮紫褐色，有果粉。果肉柔软多汁，味浓甜，品质极佳。

（八）日本紫果

日本紫果又称日紫，是鲜食加工兼用优良品种。树势强旺，分枝力强，叶片大而厚，结果早，特丰产，抗寒性强，耐旱耐涝。果实圆球形，果形指数 1，果柄长 0.5～1 cm，果目处开裂较深；成熟后果皮深紫色，果肉鲜艳红色，单果重 100～180 g，味甘甜，品质极上，果皮韧度大，耐贮藏。

第二节　培育壮苗

无花果的繁殖方式有多种，如扦插、分株、压条都可以繁殖无花果。生产上扦插育苗是最常见的方式。扦插苗能保持品种特性，繁殖速度也快。在无花果的育种工作中，也可采用种子培育实生苗。这里主要介绍无性繁殖中的几种方法。

一、扦插繁殖

（一）苗床准备

选沙壤土作为露地插床。撒施生石灰 750 kg/hm²，施足基肥深翻土壤，起 1.2 m 宽的小高畦，整平畦面，保持土壤含水量 60%左右。为便于育苗期间水分管理，每个小高畦可铺设微喷管。

（二）插条准备

1. 插条的采集

9～10 月，结合波姬红无花果植株的修剪，选取半年以上无病虫害的木质化枝条，堆放在阴凉通风处，喷洒多菌灵或高锰酸钾溶液杀菌。

2. 插条的处理

将波姬红无花果的枝条剪成 30 cm 左右长的小段作为插条，插条下端剪成马蹄形，上端剪成平面，不留叶片。剪口尽量在枝条的节间处，切口平滑，防止后期腐烂。每个插条至少含 3 个芽眼。插条下端 1/3～1/2 部分用 500 mg/L 生根粉浸泡 20 min 左右取出。

（三）扦插

处理好的插条，立即斜插入苗床，保持插条统一方向倾斜，角度为 45°～60°，扦插深度为插条的 1/3～1/2，至少两个节间埋入土中。插条的株行距为 15 cm×15 cm。扦插时，不可将插条直接插入苗床，而是用约等于插条粗和长的木棍斜插洞，然后将插条放入洞内。扦插后立即压实插条周围的土，并立即喷水保湿。

（四）扦插后的管理

1. 降温保湿

全部插条扦插结束，每个小高畦覆盖白色塑料薄膜成小拱棚，保湿。整个苗床上方覆盖遮阳网，保持育苗棚内温度 25 ℃左右，基质湿度 60%左右，空气湿度 85%左右。每天 9：00 和 16：00，喷雾状水，每次喷水不宜过多，基质过湿易腐烂。扦插后 1 周内结合浇水，喷洒低浓度的生根粉和多菌灵水溶液各 1 次。

2. 水肥管理

扦插后 15 d 左右，约有 1/2 的无花果插条开始萌发新生芽，此时小拱棚应打开两端，进行通风。5～7 d 后育苗棚覆盖的塑料膜半敞开，并减少喷水次数，仅上午喷水 1 次，降低空气湿度。此时空气湿度过大，会导致无花果新生苗徒长。根据无花果新生叶片生长情况，当插条展开新叶后，结合喷水喷爱多收 600 倍液 1～2 次。插条新梢 10 cm 左右时，用 1%尿素浇施 1 次。

3. 苗期整枝

每个插条长出 1～5 个不等数量的新生枝条。当苗床内 1/2 的插条的新生枝条长至 15 cm 左右时，开始进行苗期整枝，即去除多余侧枝，仅保留一个侧枝。去除侧枝时，每个插条一次仅去除一个侧枝，伤口愈合后再去除第二个侧枝……直到去除全部多余侧枝，最终保留一个健壮的、低节位的侧枝，作为苗的主干进行培养。

4. 炼苗

扦插苗整枝前，逐渐撤掉全部塑料薄膜；整枝结束后可以撤掉全部的遮阳网。管理逐渐接近大田管理，充分锻炼新生苗。

二、分株繁殖

无花果进行分株繁殖时，将无花果根部的泥土挖开，一段时间后，无花果的根部会萌发出一些根苗，这部分苗有自己的根系，根据需要将这些根苗连同根部一起切割挖出，挖出后修剪，除去密枝或枯枝条，然后栽植。无花果的分株繁殖，成活率高，但是苗的大小不同，繁殖的量也有限，少量繁殖可采用此法。

三、压条繁殖

无花果的压条繁殖，有水平压条、曲枝压条或堆土压条三种。具体操作方法为将枝条水平或弯曲埋入土中，或用土堆埋萌蘖基部，待其生根后，将枝条截断，与母株分离，带根定植。生产上采用这种方法进行繁殖的不多。

四、嫁接繁殖

在加快无花果的优良品种繁育及改接优良品种时，可用嫁接繁殖。无花果的嫁接方法与多数果树的嫁接方法相同，芽接可采用 T 形芽接、方块形芽接、"工"字形芽接和嵌芽接，枝接多采用劈接、切接、单芽腹接、插皮接等。

第三节　园地选择

一、园地选择

无花果喜光怕涝，耐旱，不耐寒，对土壤条件的要求不高。园地应选择光照充足、排灌水良好的中性或微碱性沙壤地。地势平坦或有一定的坡度最佳，黏性土壤和低洼地不利于无花果的生长。为了降低病虫害的传染，园地选址最好远离桑科植物。

二、整地

（一）改良土壤

深翻土壤后施足有机肥，结合整地撒施不少于 15 000 kg/hm² 腐熟的有机肥。无花果喜微碱性土壤，而海南的土壤偏酸性，可在整地后撒施生石灰调节土壤的酸性，生石灰的施入量为 750 kg/hm² 左右。

（二）起垄

结合整地，起垄。垄高 20 cm，宽 1 m，垄距 1 m。垄面铺设滴灌管，并覆盖黑膜防草保墒。海南的土壤内线虫危害比较严重，种植园起垄后覆膜前还要进行线虫预防，比较有效的方法是将噻唑膦或阿维菌素均匀撒于垄面，再覆膜。

三、选苗

要求栽植的无花果苗木枝条粗壮、叶色浓绿、根系发达、无病虫危害。移栽前剪去扦插苗的顶端嫩梢部分，仅保留新生枝干的 10～15 cm 和 1～2 片功能叶。尽量不选已经挂果的无花果苗。

四、移栽

垄上栽 1 行无花果苗，株距 0.7～1 m。移栽时挖深坑，放入无花果苗，舒展开根系再回填土壤，压实。将插条全部埋入土中为宜。移栽结束立即打开滴灌，浇定根水。视品种长势和管理水平，每 667 m² 栽无花果苗 350～600 棵。

五、搭建绑枝支架

无花果在海南生长时间长，枝条可长到 2 m 左右长，每个叶腋处都有挂果，比较重，枝条易倒。所以大面积种植时，要进行搭架防倒。

在种植畦中间隔 10 m 立 1 根水泥柱，在水泥柱高 80～90 cm 处与水泥柱垂直成 90°角扎一根长 60 cm 镀锌钢管成第一道横梁，水泥柱第一道横梁上隔 60～70 cm 处扎一根长 80 cm 镀锌钢管成第二道横梁。横梁两侧各绑扎 2 道钢丝，成梯形架以绑枝。

第四节　水肥管理

一、水分管理

海南的秋冬季天气干旱，降水少，移栽后为了尽快缓苗，每天8:00浇水一次，水量以湿润土层5 cm为宜。有条件的适当遮光和喷水，增加空气湿度。持续浇水1周后，无花果开始抽生新枝条，适当减少灌水次数和灌水量。波姬红无花果比较耐干旱，叶片充分展开后，适当减少灌水次数，保持灌水的原则为干透浇透，以促进无花果根系的生长。

无花果的叶片比较大，水分蒸发量大，天气干旱时，要及时灌溉。出现果实后，加大浇水量和浇水次数，每天保持土壤湿润。但是灌水过多，易落花、落果、落叶，还会降低果实的含糖量，造成裂果。另外，无花果夏休眠期可以不浇水，雨季要及时排水。

二、肥料管理

（一）有机肥

建园时，结合整地撒施不少于15 000 kg/hm² 腐熟的有机肥，以后每年的9～10月，重剪结束，都要进行补施有机肥。补施有机肥时，在苗两边40 cm处开20 cm深沟，将有机肥15 000 kg/hm² 撒入沟内，盖土。

（二）追肥

无花果现果前，时间很短，约一个月的时间，以追施尿素为主，促新生叶片生长。无花果现果后，营养生长和生殖生长同时进行，持续时间较长，营养需求比较大，所以现果后增加磷、钾肥和腐殖酸的施用。8～9月，海南的阴雨天比较多，无花果出现夏休眠，此期不建议追肥。

追肥时结合灌水，多次少量施入。每 667 m² 共追施 46％尿素 12.5 kg、14％过磷酸钙 12.5 kg、50％硫酸钾 12.5 kg、黄腐酸钾 30 kg。根据产量表现酌情追肥，并配合施用 Ca、Mg 等中量元素。以后每年随树龄的增长适当增加肥料施入量。

第五节　整形修剪

一、疏枝

无花果分枝多，结果前要进行疏枝，即剪去生长过旺枝、过密枝、细弱枝和徒长枝等，改善树冠内的通风透光条件，集中养分促进花序分化和果实的生长发育。无花果进入结果期后，基本上每个叶腋着生一个无花果，但有些叶腋还同时萌生侧芽，这些侧芽要及时抹掉，否则与果实竞争水分、养分，还遮挡阳光，引起落果或果实着色不均。

二、摘除老叶

5 月，海南省开始进入雨季，光照强度降低，日照时间缩短，部分果实出现果实变小、果实表面的蜡质层不明显或颜色不够紫红等问题。摘除植株各枝条底部的老叶，使果实充分受光，有利于果实的生长发育和着色。叶腋处着生无花果的叶片要保留。

三、摘心

7～8 月，海南北部地区种植的波姬红无花果的枝条生长缓慢，所有的果实都变小，商品价值不高；南部地区种植的无花果出现夏休眠现象，植株的新梢不再萌生无花果。这个时期，可以粗放管理。为促进后期果实的生长，5 月底至 6 月初对每个枝条进行摘心，有利于提高果实的单果重，摘心后注意抹芽。

四、重剪

根据海南地区的气候特点和无花果的品种特性，鲜食无花果的树体适合丛生形。9月底，在无花果树的基部留高 10 cm 重截 1 年生枝，留 3～5 个新梢作为主枝，培养结果，矮化树体。剪截的枝条可以作为插条进行扦插扩繁。以后每年的 9 月再在各主枝上进行短截，促其再发新枝，选留 3～5 个新梢作为结果枝。短截时宜在晴天的早上或傍晚进行，避开下雨天。重剪后及时补充有机肥。

第六节 病虫草害防治

一、病害

无花果在海南省刚刚开始种植，应加强施肥、整枝等技术管理，其病虫害较少，几乎不用采用化学防治病虫。在空气湿度比较大的地区，若果园排水不良、过于密植、植株徒长等，无花果易生病，影响无花果产量。田间管理时，起高垄，减小栽植密度或减少选留枝条数，垄面覆盖材料改用透气的地布等，可减缓病害发生。

（一）根腐病

1. 症状

无花果的根腐病主要出现在幼株上，成株期发病少。发病初期植株未见异常，随着根部腐烂程度加剧，新叶首先发黄，后植株上部叶片出现萎蔫；病情严重时，整株叶片发黄、枯萎，根皮变褐，并与髓部分离，后全株死亡。

2. 发病规律

该病由腐霉、镰刀菌、疫霉等多种病原侵染引起，在温度、湿度较高的环境下，极易发生。

3. 防治方法

可用 20％甲基立枯磷乳油 1 200 倍液，或 50％氯溴异氰尿酸可溶粉剂 1 000 倍液灌根。

（二）灰斑病

1. 症状

叶片受侵染后，初期产生圆形或近圆形病斑，直径为 2～6 mm，边缘清晰；以后病斑灰色，在高温多雨的季节，迅速扩大成长条形、不规则病斑，病斑内部呈灰色水渍状，边缘褐色，后病斑扩大相连，整叶变焦枯，老病斑中散生小黑点。

2. 发病规律

该病由半知菌亚门真菌引起发病。一般在 5 月下旬至 9 月中旬发生，高温高湿时发病严重。

3. 防治方法

使用 40％多菌灵胶悬剂按 1.5 kg/hm²，稀释成 1 000 倍液喷雾；或结合防虫用 2.5％溴氰菊酯乳油 600 mL/hm²，与 50％多菌灵可湿性粉剂 1.5 kg/hm² 混合喷雾施用。

（三）锈病

1. 症状

主要危害无花果叶片、幼果及嫩枝。叶片在 5 月中旬发病，初期叶片正面出现 1 mm 大的黄绿色小斑点，逐渐扩大成 0.5～1 mm 的橙黄色圆形病斑，边缘红色；发病后 7～14 d，病斑表面密生鲜黄色小粒点，并逐渐变黑，后叶背面隆起，生出许多土黄色毛状物。嫩枝受害时，病部橙黄色，稍隆起，呈纺锤形。幼果染病，表面产生圆形病斑，初为黄色，后变褐色。

2. 发病规律

一般在 5～9 月发生，高湿时发病严重，发病盛期伴有大量落叶。

3. 防治方法

防治无花果锈病要从 6 月下旬开始，做到无病早预防；8～9 月是防病的关键时期，做到勤喷药，保夏秋叶，壮新梢。药剂预防每隔 10～15 d 喷布 1 次代森锰锌保护性杀菌剂，连喷 2～3 次，以保护叶片不受锈病菌侵染。在无花果叶片刚开始发病，即出现针尖大小的红点时，立即喷施内吸性杀菌剂，常用的有氟硅唑、苯醚甲环唑、三唑酮等，连喷 2～3 次，防止病情扩散。

(四) 疫霉果腐病

1. 症状

主要危害果实。果实受害多从病果内壁开始，逐渐向外扩展霉烂，病果内壁果肉变褐、霉烂，充满灰色或粉红色霉状物。当果内霉烂发展严重时，果实胴部可见水渍状不规则湿腐斑块，斑块可彼此相连，后全果腐烂，果肉味苦。

2. 发病规律

该病由多种真菌侵染引起，一般于 6 月下旬可见发病的新梢和果实，台风季节多雨病害易发生。在田间一般近地面的枝条先发病，随后扩展到全树。凡果园地势低洼，排水不良，树干低矮丛生，枝条过密而郁闭的发病重。

3. 防治方法

在发病前，喷施 40% 多菌灵可湿性粉剂 600 倍液，3 d 一次，连用 3 次。发病时，于 5 月下旬和 6 月上旬两次施用 25% 噻嗪酮可湿性粉剂，每次每亩施用 40 g，防止害虫传播致病菌。

(五) 根结线虫病

预防线虫，可在栽苗前或每年的 9 月短截后，与有机肥一起穴施或沟施噻唑膦水乳剂或阿维菌素颗粒剂；对于已经感染线虫的植株，需进行药剂灌根。由于无花果果实的生长具有连续性，挂果后尽量避免使用农药，患病植株单独治疗，施药后间隔 7～14 d 才可采收果实。

1. 症状

根结线虫寄生在无花果根部，危害根系的幼根组织，呈结节状，引起腐烂、肿大、不长新根。根结线虫造成的机械损伤形成的伤口，也为其他病害、病菌入侵提供了有利的途径。

无花果在根结线虫侵染危害初期，树冠并不是很明显地显现衰退现象，随着根结线虫的不断繁衍，越来越多的须根被危害，树冠才显出比健康树生长势差、弱的现象，即出现抽梢少，叶片小，叶缘卷曲、黄化、无光泽，挂果少、产量低的现象。受害较重时枝枯叶落，严重的会引起整株枯死。

2. 发病规律

老园发病较为严重，连茬常使无花果受害加重，沙质土壤中比黏性土危害重。根结线虫主要分布在 5～30 cm 深的土层中，集中生活在根系的周围。根结线虫的传播分为远距离传播和近距离传播，远距离传播通过病苗、病土等方式传播，而果农平时的农事工作、水流则是根结线虫近距离传播的方式。

3. 防治方法

由于无花果的种植期长，防治根结线虫可选用持效期较长的阿维菌素、涕灭威、噻唑膦等杀线虫剂。无花果移栽前，将药剂沟施、穴施或撒施于土壤表面，也可结合埋肥、培土，在无花果生长期间再用一次。如果无花果受害严重，则进行灌根。

二、虫害

波姬红无花果的果实甜度高，老园的虫害比新园严重，主要虫害有蓟马、桑白蚧等。

(一) 蓟马

1. 危害特点

无花果叶子富含蛋白酶，蓟马对无花果叶片危害不明显。成虫栖息果内，食害小花，使小花变褐，影响果实发育。成熟果受害后，果肉变成黄色，甚至褐色，失去商品价值。

2. 发病规律

蓟马一般1年发生6～10代，每代历时20 d左右，温暖干旱天气，发生危害更严重。一般而言，蓟马成虫极活跃，扩散速度很快。但惧阳光，白天多在荫蔽处，清晨、夜间、阴天在向光面危害较多。

3. 防治方法

(1) 蓝板诱杀。蓟马具有趋蓝性，利用它的这一特性，在田间悬挂黄、蓝色板，在色板上面涂抹新机油进行诱杀。

(2) 药剂防治。在蓟马发生初期，用5％啶虫脒1 500～2 000倍液，进行全面喷洒，每5～7 d喷洒一次，连续喷洒两次。可收到很好的效果。蓟马容易产生抗药性，应与其他农药交替使用。经过喷洒啶虫脒之后，间隔10 d左右，田间如果仍然有蓟马出现，可用联苯菊酯、丁醚脲的复配制剂800～1 000倍液，进行均匀周到的喷洒。由于蓟马具有昼伏夜出的特性，傍晚用药效果最佳。

(二) 介壳虫

1. 危害特点

介壳虫除了危害树冠局部的枝梢、叶片，也会危害无花果果实，吸食汁液繁殖。叶片上经常躲在背面，被害部位失绿变黄，影响光合作用。初孵若虫向嫩叶及果实上爬动，后固定在叶背或果实上危害。被取食的枝条，容易失水，导致树势衰退。果实被害，果皮变粗糙，严重时介壳虫还会分泌大量蜜露，诱发煤烟病，使果实商品性大打折扣。

2. 发病规律

荫蔽背风果园发病较重。介壳虫喜欢温暖湿润的环境，所以雨季来临的时候才大量繁殖。当气温下降天气干燥的时候，介壳虫就躲在枯枝烂叶、飞机草和小飞蓬的根部，来年雨季来临就大量繁殖，沿着树干爬上果树危害枝叶和果实。

3. 防治方法

（1）人工防治。加强果园修剪，增加果园通风透光度，秋剪时将受害重的枝梢整枝剪除，并集中喷药后粉碎沤肥。在介壳虫刚开始危害时，只是少数无花果枝叶受害，此时可以用硬毛刷或细钢丝刷刷除寄主枝干上的虫体或人工摘除受害部位并清出果园。

（2）化学防治。依据虫情及时施药，在幼蚧初发期特别是一龄若虫抗药力最弱时施药，施药间隔一般为 7～10 d，连施 2～3 次，使用的药剂有吡虫啉、啶虫脒、高效氯氰菊酯等。发生较严重的园区建议选择毒死蜱、螺虫乙酯、噻嗪酮等药剂。

三、飞鸟

飞鸟比较难防，只能在果实成熟期，每天的上午、下午各采收一次，园内不留隔日成熟果，以尽量减少损失。

四、草害

海南的杂草生长旺，很难根除，每年需要进行多次除草。距离无花果植株较远的区域，可进行化学除草，如用草铵膦等喷洒；距离植株较近的区域，建议物理清除杂草。使用除草剂要慎重，严格控制喷洒范围，避免喷溅到无花果叶片和枝干，造成药害，甚至死苗。

第七节　采　　收

无花果的营养生长和生殖生长几乎是同时进行的，管理得当，每个叶腋处着生一个无花果，因出现的时间有早晚，成熟期也不同，宜分批采收。海南的波姬红无花果在 1～2 月进入采摘期。无花果的采摘最好在晴天的早晨或傍晚进行，轻拿轻放。采摘时做好防护，避免无花果汁液接触裸露的皮肤而引起瘙痒。

　　充分成熟的波姬红无花果，果皮颜色呈现紫红色，顶端小孔微开，外皮上网纹明显易见。成熟度越高，果皮颜色越深，甜度越高，同时果实越软。充分成熟的果实不耐运输，适合近距离销售；远距离销售，要在果实八分熟，即果实开始转色，还未变软时采摘。

第十六章 黄 皮

黄皮属芸香科黄皮属，热带常绿小乔木。黄皮在越南、泰国、柬埔寨、老挝、印度和美国的佛罗里达州都有种植。我国广东省、海南省、广西壮族自治区、云南省、福建省和台湾省等省份种植较多。黄皮既是果树，又是绿化和药用树种。

第一节 品种介绍

一、主要种类

黄皮共有 20 余种，原产于我国的有 7 种，分别为：黄皮，热带地区广泛种植的栽培品种；宜昌黄皮，原产湖北省宜昌市，云南省也有分布，可作为杂交育种用的原始材料；贵州黄皮，原产贵州省；云南野生黄皮，原产云南省；光滑黄皮，华南地区及云南省都有分布；小叶黄皮，原产海南省；假黄皮，原产海南省的霸王岭、吊罗山等地。

二、主要品种

以前种植的黄皮以实生苗为主，其后代是各种各样的黄皮实生树，遗传差异大。近几年才开始进行嫁接繁殖。我国各地栽培的黄皮品种很多，主要有长鸡心黄皮、大鸡心黄皮、郁南无核黄皮、钦州无核黄皮、龙山无核黄皮、白糖黄皮、长圆黄皮、晚熟黄皮、白蜜黄皮、大红皮黄皮、独核黄皮、赤金钟原黄皮、章奎黄皮、红嘴鸡心黄皮、牛奶黄皮等。

热带地区产业化栽培的品种不多，有甜黄皮、酸黄皮、青皮黄皮、黑皮黄皮、砂糖黄皮等。其中甜黄皮供鲜食，酸黄皮供加工果汁、饮料之用。

黄皮的品种根据成熟期又可分为早熟、中熟、晚熟三大类。海南省黄皮的上市时间多为5月中下旬，5月以前成熟的为早熟种，5～6月成熟的为中熟种，6月后成熟的为晚熟种。

（一）长鸡心黄皮

俗称鸡心黄皮。该品种树势健壮，树冠开张，嫁接苗定植后2～3年开始结果。果穗较大，果实大，呈长鸡心形，平均单果重7～9 g。果实充分成熟时果皮为金黄色，皮薄，果肉黄白色，肉质致密，味较甜。每颗果实有种子2～3粒。果实可食率45％～60％。在海南6月下旬至7月上旬成熟。

（二）大鸡心黄皮

树冠开张，树高大，嫁接苗定植后3年开始结果。果穗较大，单穗重达500 g以上。果实形似鸡心，平均单果重8～10 g，大的可达15 g。果皮较厚，蜡黄色；果肉黄白色，果汁多，味甜而微酸；果实质地致密，较耐贮运。每颗果实有种子2～4粒。果实可食率47％～62％。在海南6月底至7月中旬成熟。

（三）郁南无核黄皮

该品种树势强健，树冠开张。果穗长20～30 cm，结果疏散。果实为无核浆果，将其与其他有籽黄皮混栽，也发现有籽出现。果实开始着色转黄前，果皮呈青色时棱角分明，此特征也是它与其他黄皮的重要区别。果实大而均匀，一般单果重9～10 g，大的可达16～18 g。果实充分成熟时向阳面为橙色，皮较厚不易裂果；果肉为橙色，肉质结实嫩滑，含纤维少，味甜酸可口。果实可食率85％。为鲜食中迟熟品种。

(四) 龙山无核黄皮

该品种树势壮旺，适应性强。果穗大，着果密，每穗重 3 000 g。果实呈椭圆形或呈鸡心形，单果重 4～5 g，最重的达 11 g。果皮较薄，米黄色。果肉乳白色，嫩滑多汁。开花时间不一，熟期有先后。与普通的有核黄皮异花授粉时，会产生有核黄皮。

(五) 白糖鸡心黄皮

又称白糖黄皮。该品种树势健壮，树高大。果穗较大，单穗果重 250～500 g，平均单果重 7～9 g。果实呈长鸡心形。果皮为淡黄色至柠檬黄色，果皮较薄，充分成熟时容易裂果。果肉为白色，肉质软滑，果汁中等，味较淡，每颗果实有种子 3～4 粒，可食率 47%～63%。6 月底成熟。

(六) 牛心黄皮

该品种树势壮旺，树高大。果穗重 300～450 g，平均单果重 11 g。果大，果实呈圆形似牛心，果皮深黄色、较厚，耐贮运。果皮与果肉不剥离。果肉乳黄色，甜酸可口。种子一般是 4 粒。晚熟品种，丰产性好。

(七) 白蜜黄皮

该品种粗生，植株壮旺，枝条较密。果实呈椭圆形，单果重 12 g。果皮中等厚，淡黄色至黄色。果肉乳白色，酸甜多汁，果肉质地结实，种子 4 粒。适合加工。晚熟品种，丰产性好。

第二节　壮苗培育

零星种植黄皮的地区，可以用种子繁育实生苗。实生苗的产量和品质差异较大，参差不齐，不能用来进行规模化栽植。高空压条繁殖的苗木，可以保持母树的遗传性状，幼苗生长快、结果早，但是损耗枝条，培育的苗木大小不均匀，不利于产业化管理。通过嫁接繁育出来的果苗，既保持了母树的优良特性，又节约了繁殖材料，可以避免剪取大量的枝条而伤树，短时期内繁育出大批优良苗木。现在嫁接育苗技术已广泛应用于黄皮果树的种植。

一、砧木苗的培育

砧木苗是由种子播种而培育成的树苗。黄皮的种子采于适应当地环境、抗性强、果大饱满、充分成熟的酸黄皮或甜黄皮。置阴凉处堆沤数天至腐烂，脱去皮肉，再用清水冲洗干净，晾干，剔除细小的、发育不全的种子，即可播种。也可用细沙保湿贮藏数天后再播种。苗圃地应靠近水源，潮湿、肥沃的沙壤土，砖红壤土及火山岩灰土等土壤为好。苗圃地翻耕后整平，做高 25 cm、宽80～100 cm 的苗床。把黄皮种子均匀撒于床面，不相互重叠，粒距 2 cm 左右，播后覆盖厚约 1 cm 的干净湿细土或细沙，盖上一层厚约2.5 cm 的稻草或一层遮阳网。淋透水，每隔 3～5 d 淋水 1 次，保持土壤湿润，苗地忌过干过湿。

半个月后，幼苗陆续出土，分次逐渐去除覆盖物，并用 0.4％的三元复合肥浇施。苗高 12～16 cm 时，分床移栽于嫁接圃，嫁接圃畦宽 120 cm、高 30 cm 左右，株行距为 20 cm×20 cm。移植时尽量少伤根，及时淋定根水保湿，让幼苗尽快恢复生长势。幼砧生长期间，每隔 15 d 追施腐熟稀薄人粪尿水肥，或 0.4％的三元复合肥1 次。苗圃地太湿也会引起烂根。做好除草、浅松土、除虫、防病等工作。

经过 6～8 个月的精心管理，幼苗可长到 30 cm 左右、茎粗0.5 cm 左右，可以进行嫁接。

二、接穗采取

嫁接前要挑选接穗，接穗应采自进入结果盛期、丰产、稳产、优质的良种母树，在其树冠顶部或中部外围选取生长充实健壮、芽眼饱满的上年春梢或秋梢作为接穗。太老或太嫩的枝条都不适合作为接穗。

一般可以从春季的 3 月到秋季的 10 月进行，但通常以 4～9 月为最佳嫁接时期。

三、嫁接

(一) 切接

1. 剪砧开接口

在砧木苗离地面 35～40 cm 处截断，剪口下留复叶 2～3 片。在砧木水平截面上沿形成层或稍接近木质部位置，向下切一刀，切口深 1.5～2 cm。

2. 削接穗

在接穗下端，距离芽眼 0.3 cm 处斜削一刀，削成一个 45°角的斜面。然后反转枝条，继续斜切，深达形成层或稍入木质部，削出一个比砧木切口稍长些的平滑面。接穗上留芽 2～3 个，接穗长 15～20 cm，截断接穗枝条。

3. 插接穗

把接穗的长面向内，插入砧木的接口内，使接穗与砧木的形成层对准贴紧。按紧接穗，不要松动，用塑料薄膜全封闭覆盖缚紧扎实，微露芽眼，以便于通气和以后新芽吐出。

(二) 补片芽接法

补片芽接法又叫芽片腹接法，成活率较高。3 月上旬至 11 月上旬都可以进行嫁接，其中 3～5 月嫁接成活率最高。若嫁接不成功，可在原砧木上进行其他嫁接法，砧木利用率高。缺点是成活后抽芽生长慢，对苗木快速出圃不利。

嫁接时，在砧木苗离地面 35～40 cm 处，用刀尖按长 3 cm、宽 0.7～1.0 cm，自下向上划两条平行线切口，深达木质部，切口上部交叉连成舌状，然后从尖端将皮挑起，并往下撕开，切除大部分，仅留基部一小段，便于夹放芽片。接着选 1～2 年生的果枝中下段带芽的芽条，从上面切带木质部的芽片，注意保持芽眼在芽片的中心，芽片应比砧木的接位略小，并撕去木质部，以增加形成层的接触面。操作时动作要快，并注意保持芽片和砧木的木质部表面清洁，芽片两边与砧木皮层应留有小空隙。芽片放好后，用嫁接薄膜条扎紧，微露芽眼，留有小空隙，以利于愈合成活。干旱季节可全绑。经过 8～10 d，检查芽，如果成活，可以剪除芽片上方10 cm 处的砧木，促使萌芽。

四、嫁接后的管理

(一) 检查成活

黄皮嫁接后的 15～20 d，接穗的幼芽开始萌动发芽，若接芽新鲜、叶柄一触即落的幼苗，则代表已经成活。检查嫁接苗成活的情况，没有成活的要及时补接。

(二) 解绑

当第一次新梢老熟，也就是叶片转绿时，嫁接口基本愈合，也就不需要塑料薄膜包扎了，而且这时塑料膜还会影响到幼芽生长。此时可以用刀在背面将包扎膜划一刀，使薄膜带松断即可。

(三) 抹芽定干

除去砧木上的萌芽，以促进幼芽生长。接穗幼芽萌发后也要按照留强去弱、留正去歪的原则疏除过多的芽，只留取一个健壮幼芽作为主干即可。当幼苗生长到 50～60 cm 时即可定干，方法是在幼苗高 45～50 cm 处剪顶。

高接换种的嫁接，每次新梢抽出 3～5 cm，保留 3～4 条分布均匀的壮枝作为主枝，以后注意整形修剪。注意防虫和防病，保护嫩梢生长。

(四) 水肥管理

在接穗萌发出的第一次新梢老熟后即可开始施肥，这时以淋施稀薄的肥液为主，之后每抽梢前和新梢生长期都要施肥一次。另外，嫁接苗早期要注意旱时浇水，涝时排水，防止过干过湿，保持土壤湿润，满足幼苗对水分的需求。

第三节　建　　园

一、园地的选择及开垦

黄皮原产于亚热带地区，喜温暖气候，年平均气温在 20 ℃以上为适宜。黄皮对光照的适应性较强，既喜光，也耐半阴，但不能过于荫蔽。黄皮对土壤要求不严，山坡地的沙壤土、沙质土、红壤土均能适应。地下水位最好 60 cm 以上，有台风的地区还要营造防护林。在排水良好、土质肥沃、土层深厚的地块种植，能确保树势强健、产量高、寿命长。

为使园地土壤疏松，全园深耕 50 cm 以上。结合整地，撒施生石灰 500 kg/hm^2，改良土壤；施有机肥 15 000 kg/hm^2，做基肥。

二、合理密植

土地平整后，按确定好的株行距，进行人工或机械挖穴。黄皮的栽植密度一般以株行距 3 m×4 m 或 4 m×4 m 为宜。栽苗前一个月，按照株行距挖好长、宽、深为 0.6 m×0.6 m×0.6 m 的定植穴。每穴施土杂肥 80～100 kg、过磷酸钙 1.0～1.5 kg，与土混合放于穴的下层，再把表土回填，回填后的定植穴应高出地面 15 cm。

选健壮的嫁接苗，苗木规格要求：嫁接苗主干离地面 10 cm处，直径 1～1.5 cm 或嫁接口直径 0.8 cm，苗高 40 cm 以上，健壮，无病虫害，末次枝梢充分老熟。

在定植穴上方挖一小坑，将黄皮的苗放入。苗扶正，根系在穴内自然舒展，回填细土、轻轻压实，种植深度以盖过根颈 4～5 cm

为宜。用竹竿支撑固定苗木，根盘覆盖稻草或地布，淋足定根水，以后看情况浇水，保持土壤湿润。

第四节　肥水管理

一、幼龄树施肥

幼年树根系不够发达，吸收肥水能力较弱，遇旱时要及时淋水抗旱，同时配合追肥。施肥的原则是以薄施、勤施为主。黄皮幼苗栽植成活后，第 1 次新梢完全转绿方可浇浓度为 0.2% 的硫酸钾型复合肥（15 - 15 - 15），每月浇 1～2 次。第 2 年起采用"一梢两肥法"施肥，分别在新梢萌发 1～2 cm 时和新梢未转绿时各施 1 次肥，每株施复合肥 50 g、尿素 50 g，或尿素 100 g、磷 100 g、钾 50 g，施肥量和次数可根据以后植物生长情况进行适当调整。1～2 年的幼年树，以氮肥为主，结合施磷肥、镁肥。

二、结果树施肥

黄皮属于粗生果树，结果树一般每年施肥 3 次。

采果后促梢肥：开穴埋施，施肥量占全年施肥量的 40%，有机肥结合速效肥，以氮、磷、钾为主，同时应适当配施硼、镁、钙等中微量元素。4～10 年生树，每株每年可施尿素 0.3～0.75 kg、复合肥 0.75～1 kg。新梢抽生，配合农药进行叶面肥喷施，如 0.2% 磷酸二氢钾、0.02% 爱多收等。

促花肥：抽花穗前施肥，施肥量占全年施肥量的 25%，氮、磷、钾比例为 5 : 5 : 8，减少氮肥用量，防止花穗徒长。

壮果肥：一般在谢花后、疏果前施，以钾肥为主，配施磷肥及少量尿素，可补充开花后能量的消耗，施肥量占全年施肥量的 35%。

黄皮对镁元素比较敏感，缺镁的叶片会变成淡绿色或白色，叶脉间出现黄化斑或淡色斑，最先在老叶上出现。抽新梢时，每株施硫酸镁 30～60 g，或喷施 0.3％的硫酸镁，或其他含镁的高效叶面肥，以补充结果的黄皮树对镁元素的需要。

三、排灌水

黄皮喜湿怕涝，应加强水分管理。黄皮的抽梢期、开花坐果期、果实膨大期都是水分敏感期，需要保持适度空气湿度和土壤湿润，如遇干旱，应及时灌水。一般在晚间或早晨土温较低时灌溉为佳。雨季及时排涝，防积水。土壤过湿易引起烂根，可用五氯硝基苯 2 000 mg/L＋敌克松 2 000 mg/L＋爱多收 20 mg/L 浇施。

第五节　整形修剪

一、幼龄树的整形修剪

黄皮理想的树形为矮干圆头形，应做好整形修剪工作。在种植成活苗高 40～50 cm 处摘心或短截，待新梢抽生 10～15 cm 时定梢，选生长健壮、分布均匀的分枝 3～4 条作为主枝。主枝老熟后，在 30 cm 处短截或摘心，促剪口下的芽萌发，选留分布均匀的 2～3 条作为副主枝。以后通过摘心、短截，使每一级分枝留 2～3 条长 25 cm 的枝条，迅速扩大和形成丰产的自然圆头形树形，进入结果期。

冬季修剪：在冬季结合清园进行修剪，剪除病虫枝、衰弱枝、交叉枝、下垂枝等，使枝组分布合理。把剪除的枝叶及园面的枯枝落叶集中喷药处理。

二、结果树的修剪

结果树的修剪主要放在采果后进行。根据黄皮的生长特性，已结果的枝条次年不再抽生结果枝，所以应及时重度短截结果枝，短截后要加强肥水管理，促使其及时萌发秋梢，培养二次健壮的结果母枝，同时对长势弱的枝条可从基部疏除。

三、老树修剪更新

（一）修剪时间

一般在采果后进行，有利于抽生秋梢，不影响第 2 年开花结果。冬季修剪，则会将秋梢剪去，影响翌年开花结果，造成减产。

（二）修剪方法

压缩树冠顶部枝梢，促进中下部枝条萌发新梢，降低植株高度，便于管理和采摘。从有代替枝的地方剪除多年生枝条，可刺激局部或全树隐芽发生，具有更新黄皮老树的作用。修剪时将过密的枝条、弱枝、病虫枝统统剪去，改善植株通风透光条件，促进植株生长。所剪下的枝条要集中起来喷药，以杜绝病虫来源。

（三）及时供应水肥

修剪的目的主要是让老树萌发强壮的新枝，如果水和养分不能及时供应，则无法及时抽出健壮的新梢。修剪的同时，除施足长效的基肥外，还要施速效的人畜粪尿水肥和化学氮肥，肥料不足会造成枝条生长不健壮且较短。如果管理及时到位，黄皮老树在 1~2 年可以恢复长势。

第六节　花果管理

一、调整花期

（一）控梢

1. 断根、环割

10 月秋梢转绿时，进行断根、环割。对生长旺盛的结果树进行松土断根，环割主干，减少其对水分的吸收，同时也减少根对碳水化合物的消耗，从而提高树体细胞液的浓度，有利于花芽分化。环割是用环割刀环割主干半圈至 1 圈，以割断树皮皮层、不伤木质部为宜。树势弱的植株不宜进行。

2. 药物控梢

秋梢老熟后，用 15% 多效唑 30～35 g 兑水 15 kg，或其他控梢促花剂药兑水喷叶，每隔 7 d 连喷 2 次。

控梢要掌握好尺度，过重会伤树，太轻则达不到效果。一般只要使叶片微卷就可以了。如出现大量落叶，就说明控梢过度、严重缺水。出现缺水现象，立即淋水或对叶面喷水，使叶片舒展开来。

（二）促花芽分化

自 1 月开始，每隔 10 d 喷施 1 次 1% 复合肥或 0.3% 尿素＋0.3% 磷酸二氢钾溶液，对花芽分化很有效果。

二、疏花

对于抽穗过多的树，可疏去一部分弱穗和带叶穗，一般疏去总花穗数的 20% 为好。对于较长的花穗，可在花穗开花后至盛花前，剪去花穗的顶部，占整个花穗总量的 1/4～1/3。

三、疏果

疏果一般在谢花后 20～30 d、生理落果后进行。对结果过密的果穗，可在 5～6 月摘除小粒果、畸形果、过密果、病虫果，以保证果穗中果粒大小较均匀，利于果粒增大，成熟期趋于一致。一般每穗留果 20～40 粒。疏果前补施 1 次含钾水肥，对减少裂果、增加果实甜度有明显的效果。

四、保果

果实膨大期至成熟期，要特别注意防治病虫害、防裂果、防鸟啄食果实等。黄皮果实发育后期，若久旱遇大雨，果肉会迅速增长膨大，而果皮无法迅速增长而被胀破造成裂果。所以结果期间，在果园安装水带，经常少量喷水，能有效防止裂果和落果。

第七节 病虫害防治

一、主要病害

（一）炭疽病

1. 症状

叶边缘下面形成暗褐色的近圆形斑点，上面着生不规则的小黑点，雨季迅速扩展，将小病斑连成大病斑，不久病斑即干枯。冬季低温和夏季干旱均不易发生。在多雨、阴湿的天气下发病，主要危害黄皮的果实、花穗和叶片。

2. 防治方法

发病初期，选用 50％甲基硫菌灵可湿性粉剂 800～1 000 倍液，75％百菌清可湿性粉剂 800 倍液或 50％多菌灵可湿性粉剂 500 倍液，或 70％代森锰锌可湿性粉剂 800 倍液进行防治。

（二）煤烟病

1. 症状

在叶果和枝梢表面着生一薄层黑色煤烟状物。叶片受害后会影响光合作用，严重时叶片卷曲、褪绿。果实被污染而降低或丧失商品价值。病菌借风雨传播危害，荫蔽潮湿环境有利于此病的发生。

2. 防治方法

加强果园管理，及时修剪，使树冠通风透光，降低空气湿度。及时防治蚜虫、介壳虫等害虫，避免虫害诱发煤烟病。

药物防治：发病初期可用 0.5：1：100 的波尔多液、77％氢氧化铜可湿性粉剂 500 倍液或 40％克菌丹 400 倍液喷治。

(三) 梢腐病

1. 症状

主要危害枝梢，其次是叶片和果实。幼芽、幼叶容易染病，逐渐变为褐色而枯死，老叶、老梢较抗病。

2. 防治方法

出现病情，可喷 70％甲基硫菌灵可湿性粉剂 800～1 000 倍液或 40％多·硫悬浮剂 400 倍液。

二、主要虫害

(一) 蚜虫

1. 危害特点

聚集新梢上刺吸汁液，使嫩梢萎缩，聚集过多或叶片转绿后产生有翅蚜虫飞迁，以高温、干燥天气危害严重。枝、叶受害后，枝、叶生长不正常而诱发煤烟病。

2. 防治方法

可喷 10％吡虫啉可湿性粉剂 1 500～2 000 倍液或 3％啶虫脒微乳剂 1 000 倍液。

(二) 粉蚧

1. 危害特点

该虫常在果蒂部吸食汁液，影响果实发育，或导致落果，也容易诱发煤烟病。

2. 防治方法

可喷 25％喹硫磷乳油 800 倍液，或 10％啶虫脒水乳剂 600 倍液防治。

(三) 红蜘蛛

1. 危害特点

以幼虫、成虫群集叶片、嫩梢、果皮上吸食汁液，引起落果、落叶。在高温、干旱的天气容易发生，大雨过后，虫口密度减少。

2. 防治方法

选用 20%哒螨灵乳油 3 000 倍液，或 24%螺螨酯悬浮剂 3 000 倍液，或 1.8%阿维菌素乳油 2 000 倍液喷雾防治。

第八节 采 收

一、采摘时间和方法

黄皮采摘，用采果剪剪下果枝。采收的时间要根据各品种的特征和果皮的颜色变化来进行。就近销售鲜果和加工果汁的，可让果实充分成熟，出现该品种的特有果皮颜色时，用剪刀将果穗剪下，此时黄皮具有独特的甜度和芳香，深会受消费者欢迎。远途运输的鲜果，或用来贮藏加工成果脯的，果实的成熟度达到 85%左右就可以采收了。

二、初结果树采收

低龄结果树由于树体发育不够成熟，营养生长仍很旺盛，受树体的营养水平影响，花穗发育不健全，花的开放有先有后，导致同一穗的果成熟有先有后。为了增加效益，采用分批分次采果方法。第 1、2 批采收是单果采收。每天单个采摘成熟果，然后精选、分级包装。用食品袋或用食品盒包装，每袋或每盒 500 g 或 250 g。第 3 批采收，当果穗有 70%以上的果成熟时，整穗采摘。采后剪除细果、裂果、未成熟果，剪除部分果柄。然后按 500 g 或 250 g 扎成一扎销售。采收时间宜在 11:00 前或 16:00 以后。

三、盛果期结果树采收

黄皮结果树进入盛果期后，树体养分积累较多，花发育健全，开花坐果较为一致，同一穗果成熟期也较为一致，同一植株的果穗成熟期也基本一致。同一株应实行一次采收，同一园内可分若干批次进行采收，但时间不宜拖得太长，以免影响采后管理的进行。果实采摘后，就地剪除细果、青果、畸形果和部分果柄，可按 500 g 扎成一扎，整齐排放在果筐上，运送到市场销售。

四、即采摘即销售

黄皮果实在常温下不易贮藏保鲜。采后不作任何处理，常温下贮放，一般采后第 2 天开始失水，第 3 天色、香、味变差，第 4 天开始出现病害和腐烂，失去食用价值。若采后经冷却散去田间热，小袋包装，低温贮放，可保存 5～6 d。目前，黄皮贮藏保鲜技术研究滞后，因此，适合即采即销，减少采后烂果造成的损失。

图书在版编目（CIP）数据

热带果树栽培技术 / 周娜娜，王刚编著 . —北京：
中国农业出版社，2023.6
ISBN 978 - 7 - 109 - 30809 - 1

Ⅰ.①热… Ⅱ.①周… ②王… Ⅲ.①热带果树—果
树园艺 Ⅳ.①S667

中国国家版本馆 CIP 数据核字（2023）第 112218 号

中国农业出版社出版
地址：北京市朝阳区麦子店街 18 号楼
邮编：100125
责任编辑：郭 科
版式设计：杨 婧 责任校对：张雯婷
印刷：北京通州皇家印刷厂
版次：2023 年 6 月第 1 版
印次：2023 年 6 月北京第 1 次印刷
发行：新华书店北京发行所
开本：880mm×1230mm 1/32
印张：10.25
字数：266 千字
定价：48.00 元